微机组装与维护

主　编　陈玉勇　白　云
参　编　柴继盈　张　宁　王　蕊
　　　　张　雨　邓万旭　王　朔
　　　　张晓琦

北京理工大学出版社
BEIJING INSTITUTE OF TECHNOLOGY PRESS

内 容 简 介

本书主要介绍计算机组装与维护方面的基础知识和技能，重点培养学生对微机组装维护的动手操作能力。本书共有 12 个学习任务和 4 个实训内容，主要包括计算机的产生与发展，以及认识 CPU、主板、内存、显卡、硬盘及周边设备等，了解台式机组装流程、操作系统的安装、BIOS 设置及硬盘分区、驱动程序及常见软件的安装、计算机故障分析与处理、计算机网络基础等。最后配备了实训内容，使学生能熟练掌握计算机组装与维护的方法。

版权专有　侵权必究

图书在版编目（CIP）数据

微机组装与维护 / 陈玉勇，白云主编. -- 北京：北京理工大学出版社，2024.4
ISBN 978-7-5763-3782-2

Ⅰ. ①微… Ⅱ. ①陈… ②白… Ⅲ. ①微型计算机-组装②微型计算机-计算机维护 Ⅳ. ①TP36

中国国家版本馆 CIP 数据核字（2024）第 071429 号

责任编辑：王玲玲	文案编辑：王玲玲
责任校对：刘亚男	责任印制：施胜娟

出版发行 / 北京理工大学出版社有限责任公司
社　　址 / 北京市丰台区四合庄路 6 号
邮　　编 / 100070
电　　话 /（010）68914026（教材售后服务热线）
　　　　　（010）68944437（课件资源服务热线）
网　　址 / http://www.bitpress.com.cn
版 印 次 / 2024 年 4 月第 1 版第 1 次印刷
印　　刷 / 河北盛世彩捷印刷有限公司
开　　本 / 787 mm×1092 mm　1/16
印　　张 / 10.75
字　　数 / 252 千字
定　　价 / 43.00 元

图书出现印装质量问题，请拨打售后服务热线，负责调换

前言

随着计算机技术的发展，信息电子化、网络化已成为必然，计算机成为人们学习生活、办公娱乐、信息处理中必不可缺少的一部分。计算机的正常运行和工作性能直接影响到人们日常的工作效率，因此，微机组装与维护成为高职高专院校计算机相关专业普及计算机基础知识的重要课程。

微机组装与维护是一门理论与实践相结合，并且侧重于实践操作的课程。为了让学生能够了解计算机的组成、掌握计算机的维护方法、掌握计算机故障的基本处理方法，本书首先介绍了计算机的产生和发展、计算机的基础知识，然后分别介绍了计算机硬件系统中主要的硬件和软件系统，最后安排了台式机主机组装、BIOS设置、操作系统的安装、网线的制作等具体课堂实训，让学生按任务进行相应的学习和训练，逐步提高实操技能。

2019年，国务院出台《国家职业教育改革实施方案》（职教20条），明确提出职业教育应进行教师、教材、教法"三教改革"。同年，教育部颁布《职业院校教材管理办法》，强调"倡导使用新型活页式、工作手册式教材并开发信息化资源"。本书作为一本"新型活页式教材"，有两个最核心的特征：

一是"新"。"职教20条"中明确提出要坚持以习近平新时代中国特色社会主义思想为指导，落实立德树人根本任务。"立德树人、育人导向"是职业教育之根本，也是职业教育教材之根本。培养高素质复合型、高端技术技能型人才是"职教20条"中的要求，而高素质、复合型、高端型中均有创新意识与创新精神的内涵。现代职业教育最基本的理念是"以学生为中心"，作为人才培养载体的"教材"，同样需要贯彻这一理念，因此，本书将教师教学的"教材"转变为学生学习的"学材"。

二是"活"。坚持知行合一、工学结合。校企深度合作，共同制订人才培养方案，及时纳入新技术、新工艺、新规范，这是对职业教育教学内容与教材内容提出的新要求。使用"新型活页式教材"并配套开发信息化资源，教材随信息技术发展及时动态更新，融入现代信息技术。"活页式"是教材（学材）的装订形式，可用于学生进行学习记录、补充与拓展等，并且教师也可以增加、减少、修改教学知识与教学内容。本书包含了大量的学生课堂互动、课堂评价，采取先思考再学习后实践的学习方法，具有较强的实用性和可操作性。为加深学生理解和掌握，书中最后安排了4个实训内容，通过这些实训，读者能够进一步理解和强化书中所述内容。

辽宁生态工程职业学院陈玉勇、白云担任本书主编，全面统筹书稿的写作方案，并负责部分内容的编写；柴继盈、张宁、王蕊、张雨、邓万旭（沈阳萌芽信息科技有限公司）、王朔（辽宁硕果教育信息咨询有限公司）、张晓琦（辽宁建筑职业学院）参与了编写工作。由于编者水平有限和时间仓促，书中如有疏漏或不妥之处，恳请读者给予批评指正，并提出宝贵意见。

编　者

目录

任务一　计算机的产生与发展 ………………………………………………………… 1
　1.1　计算机的历史和产生 …………………………………………………………… 6
　1.2　计算机的发展和应用领域 ……………………………………………………… 7
　1.3　计算机的组成 …………………………………………………………………… 9
　1.4　计算机维护的主要内容 ………………………………………………………… 10
　1.5　二进制和十进制的相互转换 …………………………………………………… 10

任务二　认识 CPU ……………………………………………………………………… 12
　2.1　CPU 的概念和主要功能 ………………………………………………………… 18
　2.2　CPU 的主要性能参数 …………………………………………………………… 19
　2.3　CPU 的制作流程 ………………………………………………………………… 22
　2.4　CPU 的接口类型 ………………………………………………………………… 25
　2.5　CPU 的命名方式 ………………………………………………………………… 27
　2.6　CPU 的工作原理 ………………………………………………………………… 28
　2.7　CPU 散热器 ……………………………………………………………………… 28
　2.8　CPU 的选购 ……………………………………………………………………… 29

任务三　认识主板 ……………………………………………………………………… 31
　3.1　主板的概念与分类 ……………………………………………………………… 35
　3.2　主板上的芯片 …………………………………………………………………… 37
　3.3　主板上的扩展插槽 ……………………………………………………………… 38
　3.4　主板对外接口 …………………………………………………………………… 41
　3.5　主板的选购 ……………………………………………………………………… 42

任务四　认识内存 ……………………………………………………………………… 45
　4.1　内存的概念和作用 ……………………………………………………………… 49
　4.2　内存的物理结构 ………………………………………………………………… 50
　4.3　内存类型的区分 ………………………………………………………………… 50

4.4	内存的主要性能参数	51
4.5	内存的选购	52

任务五　认识显卡 ………………………………………………………………… 53
  5.1　显卡的概念和作用 …………………………………………………………… 57
  5.2　影响显卡性能的主要因素 …………………………………………………… 58
  5.3　显卡的选购 …………………………………………………………………… 60

任务六　认识硬盘及周边设备 …………………………………………………… 62
  6.1　硬盘的结构 …………………………………………………………………… 67
  6.2　机械硬盘的主要参数 ………………………………………………………… 68
  6.3　机械硬盘的选购 ……………………………………………………………… 69
  6.4　固态硬盘的结构 ……………………………………………………………… 69
  6.5　固态硬盘主要性能参数 ……………………………………………………… 70
  6.6　固态硬盘的选购 ……………………………………………………………… 72
  6.7　认识显示器 …………………………………………………………………… 72
  6.8　显示器的选购 ………………………………………………………………… 74
  6.9　认识和选购机箱 ……………………………………………………………… 75
  6.10　认识和选购电源 …………………………………………………………… 77
  6.11　认识和选购鼠标及键盘 …………………………………………………… 79
  6.12　认识和选购外部设备 ……………………………………………………… 82

任务七　台式机组装流程 ………………………………………………………… 87
  7.1　打开机箱并安装电源 ………………………………………………………… 90
  7.2　安装 CPU 与散热风扇 ……………………………………………………… 91
  7.3　安装内存 ……………………………………………………………………… 93
  7.4　安装主板 ……………………………………………………………………… 93
  7.5　安装硬盘 ……………………………………………………………………… 94
  7.6　安装显卡、声卡和网卡 ……………………………………………………… 94
  7.7　连接机箱中的各种内部线缆 ………………………………………………… 95
  7.8　连接周边设备 ………………………………………………………………… 96

任务八　操作系统的安装 ………………………………………………………… 97

任务九　BIOS 设置及硬盘分区 ………………………………………………… 107
  9.1　什么是 BIOS ………………………………………………………………… 111
  9.2　BIOS 的基本功能 …………………………………………………………… 112
  9.3　BIOS 的基本操作 …………………………………………………………… 113
  9.4　认识 UEFI BIOS 中的主要设置项 ………………………………………… 113
  9.5　设置计算机启动顺序 ………………………………………………………… 114
  9.6　设置 BIOS 管理员密码 ……………………………………………………… 116
  9.7　设置意外断电后恢复状态 …………………………………………………… 117

9.8 硬盘分区 117

任务十 驱动程序及常见软件的安装 123
10.1 驱动程序 127
10.2 常用软件的安装 129
10.3 卸载软件 130

任务十一 计算机故障分析与处理 132
11.1 计算机故障分析 135
11.2 软件故障 136
11.3 硬件故障 136
11.4 维修思路 138
11.5 常用处理方法 139
11.6 快速诊断计算机无法开机故障 140
11.7 计算机黑屏不开机故障诊断与维修 141

任务十二 计算机网络基础 145
12.1 局域网的概念 148
12.2 网络协议 149
12.3 网线的制作方法 149

实训一 组装台式计算机 152
实训二 安装操作系统 155
实训三 设置 BIOS 158
实训四 搭建小型局域网 161

任务一

计算机的产生与发展

📋 学习情境描述

ENIAC 诞生后短短的几十年里,计算机的发展突飞猛进。经历了第一代电子管计算机,第二代晶体管计算机,第三代中、小规模集成电路计算机和第四代大规模、超大规模集成电路计算机,每一次更新换代都使计算机的体积大大减少、耗电量大大减少、功能大大增强。同时,计算机得到迅速普及,计算机继续缩小体积,从桌上到膝上到掌上。计算机的发明是 20 世纪 40 年代的事情,经过几十年的发展,它已经成为一门复杂的工程技术学科,它的应用从国防、科学计算,到家庭办公、教育娱乐,无所不在。如今的社会,人类已经离不开计算机了。

📍 学习目标

(1) 了解计算机的产生及发展。
(2) 了解计算机的应用领域。
(3) 能熟练掌握计算机的硬件系统和软件系统。
(4) 能正确辨认计算机硬件。
(5) 能通过计算完成十进制和二进制之间的转换。

📝 任务书

了解计算机的产生及发展,讨论计算机的应用领域,对计算机硬件进行辨认、分类,并在相应位置标注名称。讨论计算机二进制和十进制的相互转换。

👥 任务分组

学生任务分配表

班级		组号		教师	
组长		学号			
组员		姓名	学号	姓名	学号
任务分工					

工作准备

（1）阅读任务书，仔细观察计算机硬件，根据不同硬件的特点，讨论并分类，填写记录。

（2）上网收集计算机的发展史，讨论计算机产生的意义、作用、应用领域，并根据自己的感受，说出计算机对我们工作和学习带来了哪些影响。

（3）结合任务书分析本节课的难点和常见问题。

工作实施

引导问题1：计算机是在什么环境下产生的？

_____
_____
_____
_____

小提示

自第一台计算机问世以来，计算机的发展异常迅速，从单一的数字处理发展到多媒体信息处理，从科学计算到商业、办公、学习和日常生活领域……计算机给现代社会带来的深刻影响无处不在。我国的科学计算在计算机的帮助下得到突破，1967年6月17日，我国在新疆罗布泊上空成功地爆炸了第一颗氢弹。氢弹的爆炸成功，是中国核武器发展的又一个飞跃。

引导问题2：计算机的发展包括哪几个阶段？

_____
_____
_____

小提示

世界上第一台电子数字式计算机于1946年2月14日在美国宾夕法尼亚大学研制成功，名称为电子数字积分计算机（ENIAC）。

它使用了17 468个真空电子管，耗电174 kW，占地170 m^2，重达30 t，每秒可进行5 000次加法运算。虽然它比不上今天最普通的一台微型计算机，但在当时它已是运算速度的绝对冠军，并且其运算的精确度和准确度也是史无前例的。

引导问题3：计算机的应用领域有哪些？

_____
_____
_____

任务一　计算机的产生与发展

 小提示

以圆周率（π）的计算为例，我国古代科学家祖冲之利用算筹，耗费15年心血，才把圆周率计算到小数点后第7位。1 000多年后，英国人香克斯以毕生精力计算圆周率，才计算到小数点后第707位。而使用ENIAC进行计算，仅用了40 s就达到了这个纪录，还发现香克斯的计算中，第528位是错误的。

引导问题4：计算机系统由哪几个部分组成？
_____
_____
_____

引导问题5：计算机中包含哪些硬件？
_____
_____
_____
_____

 小提示

ENIAC诞生后，数学家冯·诺依曼提出了重大的改进理论，主要有两点：一是电子计算机应该以二进制为运算基础；二是电子计算机应采用存储程序方式工作，并进一步明确了计算机的结构应该由5个部分构成，即运算器、控制器、存储器、输入装置、输出装置。

引导问题6：区分计算机的硬件设备，在方框中填入计算机各部件的名称。

主机

— 3 —

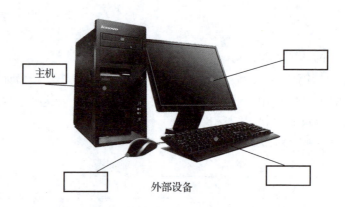

主机　　外部设备

引导问题 7：软件系统包含哪些软件？

_____
_____

引导问题 8：二进制和十进制如何相互转换？如何将十进制数字 72 转换为二进制？转换后应该怎么表示？

_____
_____
_____
_____
_____

评价反馈

学生进行自评，评价自己能否完成本节课的学习，有无任务遗漏。教师对学生进行的评价内容包括：报告书写是否工整规范、内容数据是否真实合理、是否起到了实训的作用。

（1）学生进行自我评价，并将结果填入学生自测表中。

学生自测表

班级：	姓名：	学号：	
学习情境	计算机的产生和发展		
评价项目	评价标准	分值	得分
计算机的产生	能正确认知计算机的意义	5	
计算机的发展	能正确认知计算机发展的 4 个阶段	10	
计算机的应用领域	能正确认知计算机的应用领域	10	

续表

班级：		姓名：	学号：	
学习情境		计算机的产生和发展		
评价项目		评价标准	分值	得分
计算机系统组成		能正确认知计算机系统的组成	10	
硬件系统的构成		能正确说出硬件系统包含哪些硬件	10	
识别计算机硬件		能正确区分计算机硬件	10	
二进制和十进制的相互转换		能正确对二进制和十进制进行相互转换	10	
工作态度		态度端正，无无故缺勤、迟到、早退现象	5	
工作质量		能按计划完成工作任务	10	
协调能力		与小组成员、同学之间能合作交流，协调工作	5	
职业素养		能做到爱护公物，文明操作	10	
创新意识		通过查阅资料，能更好地理解本节课的内容	5	
合计			100	

（2）学生以小组为单位，对以上学习情境的过程与结果进行互评，将互评结果填入学生互评表。

学生互评表

学习情境		计算机的产生和发展											
评价项目	分值	等级							评价对象（组别）				
									1	2	3	4	5	6
计划合理	8	优	8	良	7	中	6	差	4					
方案准确	8	优	8	良	7	中	6	差	4					
团队合作	8	优	8	良	7	中	6	差	4					
组织有序	8	优	8	良	7	中	6	差	4					
工作质量	8	优	8	良	7	中	6	差	4					
工作效率	8	优	8	良	7	中	6	差	4					
工作完整	10	优	10	良	8	中	5	差	2					
工作规范	16	优	16	良	12	中	10	差	5					
识读报告	16	优	16	良	12	中	10	差	5					
成果展示	10	优	10	良	8	中	5	差	2					
合计	100													

(3) 教师对学生工作过程与工作结果进行评价，并将评价结果填入教师综合评价表中。

教师综合评价表

班级：		姓名：	学号：		
学习情境			计算机的产生和发展		
评价项目		评价标准		分值	得分
考勤		无无故迟到、旷课、早退现象		10	
工作过程	计算机的产生	能正确认知计算机的意义		10	
	计算机的发展	能正确认知计算机发展的4个阶段		10	
	计算机的应用领域	能正确认知计算机的应用领域		10	
	计算机系统的组成	能正确认知计算机系统的组成		10	
	硬件系统的构成	能正确说出硬件系统包含哪些硬件		10	
	识别计算机硬件	能正确区分计算机硬件		10	
	二进制和十进制的相互转换	能正确对二进制和十进制进行相互转换		10	
项目成果	工作完整	能按时完成任务		5	
	工作规范	能按要求完成任务		5	
	成果展示	能准确表达、汇报工作成果		10	
合计				100	

拓展思考题

（1）计算机的硬件维护应该注意哪些问题？

_____

_____

（2）计算机的软件维护应该注意哪些问题？

_____

_____

学习情境的相关知识点

1.1 计算机的历史和产生

在计算机发展的早期阶段，其主要基于机械的方式运行。尽管个别产品开始引入一些电学内容，但整体上仍然以机械驱动为主。这时的计算机还没有踏入逻辑运算领域。然而，随着电子技术的迅猛发展，计算机逐渐迈向了从机械向电子的时代转变。电子成为计算机的主体，而机械逐渐变为从属部分。这标志着计算机进入了新的质的转变阶段。随着电子元件和电路的不断进步，计算机具备了进行逻辑运算的能力。电子器件的快速开关和逻辑门电路的引入，使计算机可以进行复杂的逻辑操作。计算机逐渐实现了自动化的数据处理和计算功能，标志着计算机从传统机械驱动向电子化和逻辑化方向的突破，为后续计算机科技的发展奠定了坚实的基础，开启了计算机科学的新纪元。

1946 年，第一台计算机 ENIAC（Electronic Numerical Integrator And Calculator，电子数字积分计算器）在美国宾夕法尼亚大学现世并正式投入运行，参与研制工作的是以宾夕法尼亚大学莫尔电机工程学院的莫奇利（John W. Mauchly）和埃克特（J. Presper Eckert）为首的研制小组，总共花费 48 万美金。其隶属于军方，用于计算弹道表，当时的弹道研究实验室每天要提供火力表，每张火力表包含几百条弹道，每条弹道都是复杂的非线性方程，只能用数值的方式进行近似计算，200 名计算员大约两个月才能计算完一张火力表，考虑到时间因素，催生了计算设备。ENIAC 于 1943 年开始研制，1946 年投入使用，1955 年退役。

随着科技的进步，各种计算机技术、网络技术飞速发展，计算机的发展已经进入了一个快速而又崭新的时代，计算机已经从功能单一、体积较大发展到了功能复杂、体积微小、资源网络化等。计算机的未来充满了变数，性能的大幅度提高是毋庸置疑的，而实现性能的飞跃却有多种途径。不过，性能的大幅提升并不是计算机发展的唯一路线，计算机的发展还应当变得越来越人性化，同时要注重环保等。

计算机从出现至今，经历了机器语言、程序语言、简单操作系统和 Linux、macOS、BSD、Windows 等现代操作系统四代，运算速度也得到了极大的提升。第四代计算机的运算速度已经达到几十亿次每秒。计算机也由原来的仅供军事科研使用发展到人人拥有，目前，计算机的应用已扩展到社会的各个领域。计算机的发展过程可分成以下几个阶段。

1.2 计算机的发展和应用领域

ENIAC 诞生后短短的几十年间，计算机的发展突飞猛进。主要的电子器件相继使用了真空电子管、晶体管、中小规模集成电路和大规模、超大规模集成电路，引起计算机的几次更新换代。每一次更新换代都使计算机的体积大大减小、耗电量大大减少、功能大大增强，应用领域进一步拓宽。特别是体积小、价格低、功能强的微型计算机的出现，使得计算机迅速普及，进入了办公室和家庭，在办公自动化和多媒体应用方面发挥了很大的作用。目前，计算机的应用已扩展到社会的各个领域。计算机的发展过程可分成以下几个阶段。

1.2.1 电子管计算机

1946 年 2 月 14 日，标志着现代计算机诞生的 ENIAC 公之于世。ENIAC 是计算机发展史上的里程碑，它通过不同部分之间的接线重新编程，还拥有并行计算能力。第一代计算机的特点是操作指令是为特定任务而编制的,每种机器都有各自不同的机器语言,功能受到限制,速度也慢。第一代计算机的另一个明显特点是使用真空电子管和磁鼓存储数据。

1.2.2 晶体管计算机

1948 年,晶体管的发明代替了体积庞大的电子管,电子设备的体积不断减小。1956 年,晶体管在计算机中使用,晶体管和磁芯存储器催生了第二代计算机。第二代计算机体积小、运算速度快、功耗低、性能更稳定。1954 年,IBM 公司制造的第一台使用晶体管的计算机增加了浮点运算,使计算能力有了很大提高。1958 年,BM1401 是第二代计算机中的代表,用户当时可以租用。1960 年,出现了一些成功地用在商业领域、大学和政府部门的第二代计算机。第二代计算机用晶体管代替电子管,还有现代计算机的一些部件,如打印机、磁带、磁盘、内存、操作系统等。计算机中存储的程序使得计算机有很好的适应性,可以更有效地用于商业用途。在这一时期出现了更高级的 COBOL 和 FORTRAN 等语言,使计算机编程更容易。新的职业(程序员、分析员和计算机系统专家)和整个软件产业由此诞生。

1.2.3 集成电路计算机

1958 年,德州仪器的工程师 Jack Kilby 发明了集成电路(Integrated Circuit, IC),将更多的元件集成到单一的半导体芯片上,计算机变得更小,功耗更低,运算速度更快。这一时期的发展还包括使用了操作系统,使得计算机在中心程序的控制协调下可以同时运行许多不同的程序。IBMS/360 是计算机历史上最成功的机型之一,具有极强的通用性,可适用于各个行业的用户。

1.2.4 大规模及超大规模集成电路计算机

大规模集成电路(LSD)可以在一个芯片上容纳几百个元件。到了 20 世纪 80 年代,超大规模集成电路(VLSI)在芯片上容纳了几十万个元件,20 世纪 90 年代的特大规模集成电路(ULSI)将数字扩充到百万级。可以在硬币大小的芯片上容纳如此数量的元件使得计算机的体积和价格不断下降,而功能和可靠性不断增强。20 世纪 70 年代中期,计算机制造商开始生产面向普通消费者的小型计算机,这时的小型计算机带有界面友好的软件包、供非专业人员使用的程序和最受欢迎的字处理与电子表格程序。1981 年,IBM 公司推出个人计算机(Personal Computer, PC)用于家庭、办公室和学校。20 世纪 80 年代,个人计算机的竞争使得其价格不断下降,微机的拥有量不断增加,计算机体积继续缩小。与 IBM PC 竞争的 Apple Macintosh 系列于 1984 年推出,Macintosh 提供了友好的图形界面,用户可以用鼠标方便地操作。

一般所说的计算机指的是 PC,也就是微型计算机(简称微机)。微机系统硬件结构的特点是使用了中央处理器(Central Processing Unit, CPU),又称为中央处理单元或微处理器。微处理器的出现开辟了计算机的新纪元。微机的发展阶段就是由微处理器的发展决定的。在 20 多年的时间里,微机已经发展到了第六代。

第一代，1971—1972 年。Intel 公司于 1971 年利用 4 位微处理器 Intel 4004，组成了世界上第一台微型机 MCS–4。1972 年，Intel 公司又利用 Intel 8008 组成了第一代 8 位微处理器。

第二代，1973—1977 年。这是由第二代 8 位微处理器（代表性的微处理器有 Intel 公司的 Intel 8008 等）构成的计算机。

第三代，1978—1980 年。这是由 16 位微处理器（代表性的微处理器有 Intel 公司的 Intel 8086 等）构成的计算机，称为第三代微型机。

第四代，1981—1992 年。这是由 32 位微处理器（代表性的微处理器有 Intel 公司的 Intel 80386、Intel 80486 等）构成的计算机，称为第四代微型机。Pentium 这类微型机的性能可与 20 世纪 80 年代的大型计算机相媲美。

第五代，1993—1998 年。这是由 64 位微处理器构成的计算机。代表性的微处理器有 Intel 公司的 Intel 80586，即 Pentium 系列及 80686 的 Pentium Pro 和 Pentium Ⅱ，内存有 16 MB、32 MB、64 MB 几种，可扩充到 128 MB 以上，配备 144 MB 的软驱、光驱和几吉字节的硬盘。主频为 60~400 MHz。

第六代，1999 年至今。这一代计算机给人们带来了更强的多媒体效果和更贴近现实的体验。其主频由 450 MHz 发展到目前的 3.33 GHz。

总的说来，微型机技术发展得更加迅速，平均每两三个月就有新的产品出现，平均每两年芯片集成度提高一倍，性能提高一倍，性能价格比大幅度提高。将来，微型机将向着质量更小、体积更小、运算速度更快、使用及携带更方便、价格更低的方向发展。

1.3 计算机的组成

一个完整的计算机系统，由硬件系统和软件系统两大部分组成。硬件是构成计算机系统的物理实体，是计算机系统中实际装置的总称，如主机、键盘、鼠标和显示器等。仅仅具备硬件系统部分，计算机是不能正常工作的，还必须由软件来安排计算机做什么工作，怎样工作。软件是指计算机运行所需的程序、数据及有关资料。

所谓硬件，就是能用手摸得到的实物，一台计算机的硬件系统一般由主机和外部设备组成。主机是整个计算机的核心，从外观上看是一个整体，但打开机箱后，会发现它的内部由多个独立的部件组合而成，其中包括 CPU、主板、硬盘、内存、显卡、散热器、电源等。

微型计算机的软件系统包括系统软件和应用软件两大类。

系统软件是指控制和协调计算机及其外部设备、支持应用软件的开发和运行的软件。系统软件是管理、监控和维护计算机资源，使硬件、程序和数据协调高效工作，方便用户使用计算机的软件。系统软件处于硬件和应用软件之间，是应用软件和硬件的接口。系统软件主要包括操作系统、语言处理程序、数据库管理系统和服务性程序等。

应用软件是为解决某种实际问题而编制的计算机程序及其相关文档数据的集合。应用软件专门用于解决某个应用领域中的具体问题，所以应用范围是各种各样的，如各种管理软件、工业控制软件、数字信号处理软件、工程设计程序、科学计算程序等。

1.4 计算机维护的主要内容

1.4.1 计算机硬件维护的主要内容

（1）任何时候都应保证电源线与信号线的连接牢固可靠。
（2）计算机应经常处于使用状态，避免长期闲置不用。
（3）外部设备通电后给主机加电；关机时应先关主机，后关各外部设备；开机后不能立即关机，关机后也不能立即开机，开、关机之间应间隔 10 s 以上。
（4）在进行键盘操作时，击键不要用力过猛，否则，会影响键盘的寿命。
（5）经常清理机器内的灰尘及擦拭键盘与机箱表面。计算机不用时，要盖上防尘罩。
（6）在加电情况下，不要随意搬动主机与其他外部设备。

1.4.2 计算机软件维护的主要内容

（1）对所有的系统软件要做备份。当遇到异常情况或某种偶然原因，可能会破坏系统软件时，就需要重新安装系统软件，如果没有备份的系统软件，计算机将难以恢复工作。
（2）对重要的应用程序和数据也应该做备份。
（3）注意清理磁盘上无用的文件，以有效地利用磁盘空间。
（4）避免进行非法的软件复制。
（5）经常检测、查杀病毒，防止计算机感染上病毒。
（6）为保证计算机正常工作，在必要时利用软件工具对系统区进行保护。

总之，计算机的使用与维护是分不开的，既要注意硬件的维护，又要注意软件的维护。

1.5 二进制和十进制的相互转换

1.5.1 什么是二进制

二进制是计算技术中广泛采用的一种数制。二进制数据是用 0 和 1 两个数码来表示的数。它的基数为 2，进位规则是"逢二进一"，借位规则是"借一当二"。

二进制数（binaries）是逢 2 进位的进位制，0、1 是基本算符；计算机运算的基础是二进制。在早期设计的常用的进制主要是十进制（因为人有 10 个手指，所以十进制是比较合理的选择，用手指可以表示 10 个数字，0 的概念直到很久以后才出现，所以十进制数是 1~10，而不是 0~9）。电子计算机出现以后，使用电子管来表示 10 种状态过于复杂，所以所有的电子计算机中只有两种基本的状态：开和关。也就是说，电子管的两种状态决定了以电子管为基础的电子计算机采用二进制来表示数字和数据。常用的进制还有八进制和十六进制，在计算机科学中，经常会用到十六进制，十进制的使用非常少，这是因为十六进制和二进制有天然的联系：4 个二进制位可以表示从 0 到 15 的数字，这刚好是 1 个十六进制位可以表示的数据,也就是说,将二进制转换成十六进制只要每4位进行转换就可以了。

二进制的"00101000"直接可以转换成十六进制的"28"。字节是计算机中的基本存储单位,根据计算机字长的不同,字具有不同的位数,现代计算机的字长一般是 32 位的,也就是说,一个字的位数是 32。字节是 8 位的数据单元,一个字节可以表示 0~255 的十进制数据。对于 32 位字长的现代计算机,一个字等于 4 字节,对于早期的 16 位的计算机,一个字等于 2 字节。

1.5.2 什么是十进制

十进制数是组成以 10 为基础的数字系统,由 0、1、2、3、4、5、6、7、8、9 这 10 个基本数字组成。十进制,英文名称为 Decimal System,来源于希腊文 Decem,意为十。

任务二

认识CPU

学习情境描述

CPU 出现于大规模集成电路时代,处理器架构设计的迭代更新及集成电路工艺的不断提升促使其不断发展完善。从最初专用于数学计算到广泛应用于通用计算,从 4 位到 8 位、16 位、32 位处理器,最后到 64 位处理器,从各厂商互不兼容到不同指令集架构规范的出现,CPU 自诞生以来一直在飞速发展。CPU 的性能直接影响着计算机的性能,是计算机的运算核心和控制核心,被称作计算机的"大脑"。

学习目标

(1) 了解 CPU 的结构和工作原理。
(2) 了解影响 CPU 性能的主要因素。
(3) 能熟练掌握 CPU 的接口类型。
(4) 能熟练掌握不同 CPU 的性能对比。
(5) 掌握安装 CPU 散热器的注意事项。

任务书

了解 CPU 的产生及结构,讨论影响 CPU 性能的主要参数,对不同的 CPU 接口进行辨认、分类并在相应位置标注名称。讨论不同 CPU 之间的性能对比。

任务分组

学生任务分配表

班级		组号		教师	
组长		学号			
组员		姓名	学号	姓名	学号
任务分工					

任务二　认识CPU

🔲 工作准备

（1）阅读任务书，仔细观察CPU的结构，根据特点讨论并分类，填写记录。

（2）上网收集CPU的发展史，讨论CPU的工作原理、区分方法，并根据自己的感受说出不同厂家的CPU之间的优缺点。

（3）结合任务书分析本节课的难点和常见问题。

⭐ 工作实施

引导问题1：CPU的主要原料是什么？从哪里来？

_____
_____
_____
_____

💡 小提示

学过化学的同学应该都知道，CPU的主要原料是硅，这也是硅谷的由来。可能会有小伙伴产生疑问：既然原料是硅，也就是沙子和石头，那么我们身边随处可见都是原料，CPU不应该这么贵才对。确实，沙子、石头随处可见，在我们眼中一文不值。但并不是随便一粒沙子都可以的，能成为原料的沙子，是要通过千挑万选的，最后才可以从中提取出最纯净的硅。

引导问题2：CPU的工作原理是什么？

_____
_____
_____
_____

💡 小提示

CPU作为处理数据和执行程序的核心，其工作原理就像一个工厂对产品的加工过程：进入工厂的原料（程序指令），经过物资分配部门（控制单元）的调度分配，被送往生产线（逻辑运算单元），生产出成品（处理后的数据）后，存储在仓库（存储单元）中，最后拿到市场上去卖（交由应用程序使用）。这个过程从控制单元开始，中间过程通过逻辑运算单元进行运算处理，然后交到存储单元，最后进行应用。

引导问题3：CPU的两大主流品牌是什么？讨论各自的优缺点。

_____
_____
_____
_____

小提示

(1) Intel 公司是生产 CPU 的一家公司,它占有 80% 以上的市场份额,其生产的 CPU 就成了事实上的 x86 CPU 技术规范和标准。最新的酷睿成为 CPU 的首选。

(2) 目前使用的 CPU 有多个生产厂家,除了 Intel 公司外,最有挑战力的就是 AMD 公司。其最新生产的 Athlon64x2 和闪龙具有很高的性价比,尤其是采用了 3DNOW + 技术,使其在 3D 上有很好的表现。

(3) 国产龙芯 GodSon 是国有自主知识产权的通用处理器,目前已经有 2 代产品,能够达到现在市场上 Intel 和 AMD 的低端 CPU 的水平。

引导问题 4: 影响 CPU 性能的主要因素有哪些?

_____
_____
_____
_____
_____

引导问题 5: 如何对比不同 CPU 之间的性能?

_____
_____
_____
_____
_____

小提示

对于计算机来说,CPU 是很重要的一个部件,因为其直接影响计算机性能的好坏。市面上 CPU 的型号有很多,不同型号,性能也有所不同。如果想要了解最新 CPU 的性能,可以通过 CPU 性能排行榜天梯图来了解,2023 年最新计算机 CPU 性能天梯图如图 2-1 所示。

引导问题 6: 安装 CPU 散热器的注意事项有哪些?

_____
_____
_____
_____
_____

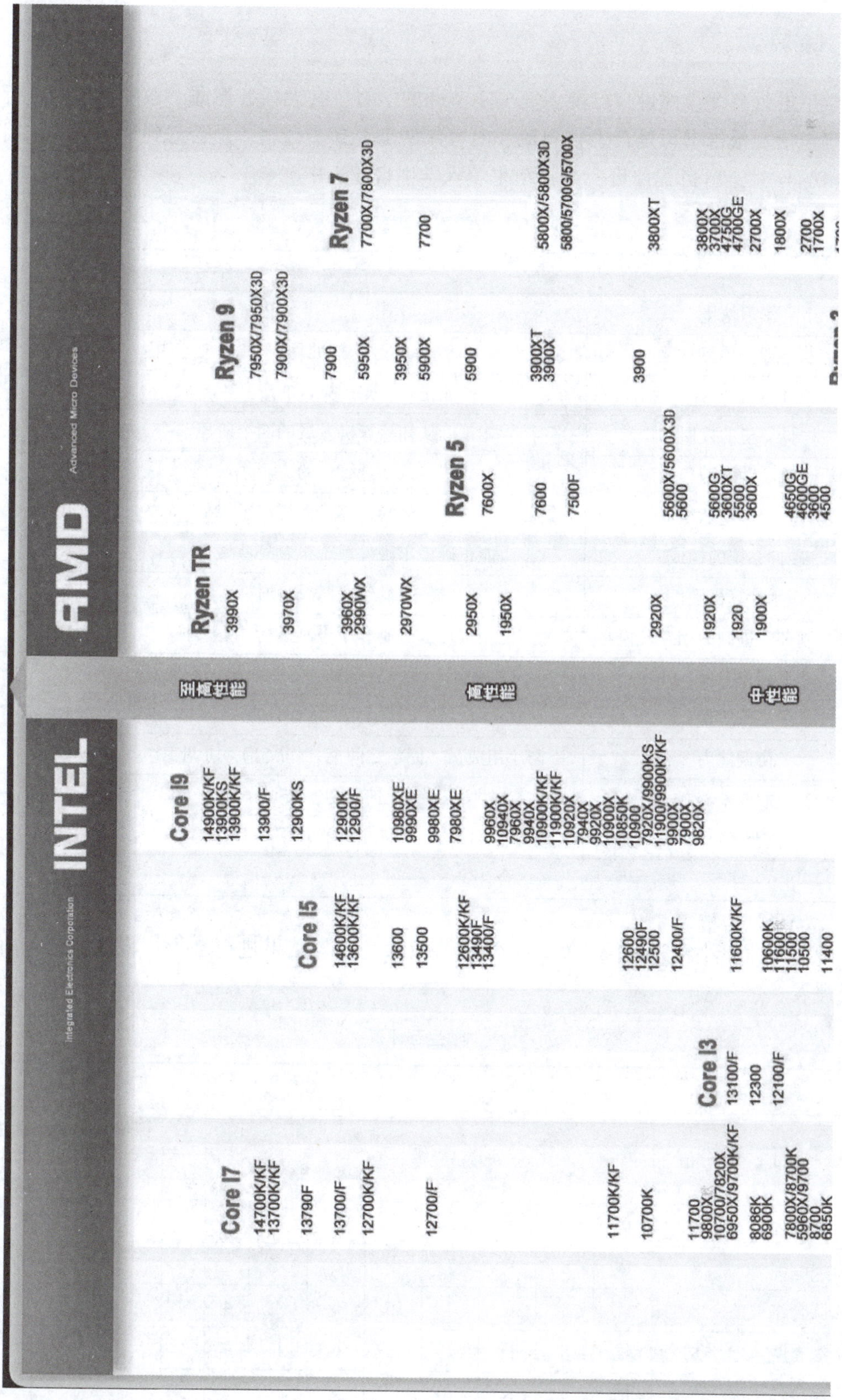

图 2－1　CPU 性能天梯图

评价反馈

学生进行自评,评价自己能否完成本节课的学习,有无任务遗漏。教师对学生进行评价的内容包括:报告书写是否工整规范、内容数据是否真实合理、是否起到了实训的作用。

(1)学生进行自我评价,并将结果填入学生自测表中。

学生自测表

班级:	姓名:	学号:	
学习情境	CPU		
评价项目	评价标准	分值	得分
计算机的产生	能正确认知计算机的意义	5	
计算机的发展	能正确认知计算机发展的四个阶段	10	
计算机的应用领域	能正确认知计算机的应用领域	10	
计算机系统的组成	能正确认知计算机系统的组成	10	
硬件系统的构成	能正确说出硬件系统包含哪些硬件	10	
识别计算机硬件	能正确区分计算机硬件	10	
二进制和十进制的相互转换	能正确对二进制和十进制进行相互转换	10	
工作态度	态度端正,无无故缺勤、迟到、早退现象	5	
工作质量	能按计划完成工作任务	10	
协调能力	与小组成员、同学之间能合作交流,协调工作	5	
职业素养	能做到爱护公物,文明操作	10	
创新意识	通过查阅资料,能更好地理解本节课的内容	5	
合计		100	

(2)学生以小组为单位,对以上学习情境的过程与结果进行互评,将互评结果填入学生互评表。

学生互评表

学习情境									评价对象(组别)					
				CPU										
评价项目	分值	等级							1	2	3	4	5	6
计划合理	8	优	8	良	7	中	6	差	4					
方案准确	8	优	8	良	7	中	6	差	4					
团队合作	8	优	8	良	7	中	6	差	4					
组织有序	8	优	8	良	7	中	6	差	4					
工作质量	8	优	8	良	7	中	6	差	4					

续表

学习情境		CPU											
评价项目	分值	等级								评价对象（组别）			
										1	2	3	4	5	6
工作效率	8	优	8	良	7	中	6	差	4						
工作完整	10	优	10	良	8	中	5	差	2						
工作规范	16	优	16	良	12	中	10	差	5						
识读报告	16	优	16	良	12	中	10	差	5						
成果展示	10	优	10	良	8	中	5	差	2						
合计	100														

（3）教师对学生工作过程与工作结果进行评价，并将评价结果填入教师综合评价表中。

教师综合评价表

班级：　　　　　　　姓名：　　　　　　　学号：

学习情境			CPU		
评价项目			评价标准	分值	得分
考勤			无无故迟到、旷课、早退现象	10	
工作过程	计算机的产生		能正确认知计算机的意义	10	
	计算机的发展		能正确认知计算机发展的四个阶段	10	
	计算机的应用领域		能正确认知计算机的应用领域	10	
	计算机系统的组成		能正确认知计算机系统的组成	10	
	硬件系统的构成		能正确说出硬件系统包含哪些硬件	10	
	识别计算机硬件		能正确区分计算机硬件	10	
	二进制和十进制的相互转换		能正确对二进制和十进制进行相互转换	10	
项目成果	工作完整		能按时完成任务	5	
	工作规范		能按要求完成任务	5	
	成果展示		能准确表达、汇报工作成果	10	
合计				100	

拓展思考题

（1）讨论两大品牌 CPU 的系列是如何划分的。

_____

_____

_____

（2）讨论 CPU 的命名规则。

_____

_____

_____

_____

学习情境的相关知识点

2.1 CPU 的概念和主要功能

CPU 在计算机系统中就像人的大脑一样，是整个计算机系统的指挥中心。它的主要功能是负责执行系统指令、数据存储、逻辑运算、传输并控制输入/输出操作指令。图 2-2 所示为 Intel CPU 的外观，该 CPU 从外观上主要分为正面和背面两个部分。由于 CPU 的正面刻有各种产品参数，所以也称为参数面；CPU 的背面主要是与主板的 CPU 插槽接触的触点，所以也称为安装面。

图 2-2　Intel CPU 的外观

防误插缺口。防误插缺口是在 CPU 边上的半圆形缺口，它的功能是防止在安装 CPU 时，由于旋转方向错误而造成 CPU 损坏。

防误插标记。防误插标记是 CPU 各个角上的小三角形标记，功能与防误插缺口一样。在 CPU 的两面通常都有防误插标记。

产品二维码。CPU 上的产品二维码是 Datamatrix 二维码，它是一种矩阵式二维条码，其尺寸是目前所有条码中最小的，可以直接印刷在实体上，主要用于 CPU 的防伪和产品统筹。

2.2 CPU 的主要性能参数

CPU 的性能指标直接反映计算机的性能，所以这些指标既是选择 CPU 的理论依据，也是深入学习计算机的关键，下面介绍其主要性能参数。

2.2.1 生产厂商

CPU 的生产厂商主要有 Intel、AMD 和龙芯（LOONGSON），市场上主要销售的是 Intel 和 AMD 的产品。

Intel 是全球最大的半导体芯片制造商，从 1968 年成立至今已有 50 多年的历史，目前主要有赛扬（Celeron）、奔腾（Pentium）、Core（酷睿）i3、Core i5、Core i7、Core i9，以及手机、平板电脑和服务器使用的 Xeon W 和 Xeon E 等系列的 CPU 产品。如图 2-3 所示，CPU 的处理器号为"INTEL CORE i7-8700K"。其中，"INTEL"是公司名称；"CORE i7"代表 CPU 系列；"8"代表该系列 CPU 的代别；"7"代表 CPU 的等级；"00"代表产品细分；"K"是后缀，表示该 CPU 可超频。

AMD 成立于 1969 年，是全球第二大微处理器芯片供应商，一直是 Intel 公司的强劲对手。目前主要产品有推土机、APU、Ryzen（锐龙）3、Ryzen 5、Ryzen 7、Ryzen 9、Ryzen Threadripper 等。图 2-4 所示为 AMD 公司生产的 CPU，其处理器号为"AMD Ryzen 5 2600X"。其中，"AMD"是公司名称；"Ryzen 5"代表 CPU 系列；"2"代表 CPU 的代别；"600"代表 CPU 的等级；"X"是后缀，表示该 CPU 是高频产品。

图 2-3　INTEL CORE i7-8700K

图 2-4　AMD Ryzen 5 2600X

2.2.2 频率

CPU 频率是指 CPU 的时钟频率，简单来说，就是 CPU 运算时的工作频率（1 s 内发生的同步脉冲数）。CPU 的主频代表了 CPU 的实际运算速度，单位有 Hz、kHz、MHz、GHz。理论上，CPU 的频率越高，CPU 的运算速度就越快，CPU 的性能也就越高。CPU 实际运行的频率与 CPU 的外频和倍频有关。

其计算公式为

$$主频 = 外频 \times 倍频外频$$

外频。外频是 CPU 与主板之间同步运行的速度，即 CPU 的基准频率，通常是 100 MHz。

倍频。倍频是 CPU 运行频率与系统外频之间的差距参数，也称为倍频系数。在相同的外频条件下，倍频越高，CPU 的频率越高。

动态加速频率。动态加速是一种提升 CPU 频率的智能技术，是指当启动一个运行程序后，处理器会自动加速到合适的频率，而原来的运行速度会提升 10%～20%，以保证程序流畅运行。具备动态加速技术的 CPU 会在运算过程中自动判断是否需要加速。提升频率可以提升单核/双核运算能力，尤其适合那些不能充分利用多核心，必须依靠高频才能提升运算效率的软件。Intel 的 CPU 的动态加速技术叫作睿频，AMD 的 CPU 的动态加速技术叫作精准加速频率。现在市面上 CPU 的动态加速频率为 4.0～5.1 GHz。

2.2.3 核心数量

CPU 的核心又称为内核，是 CPU 最重要的组成部分。CPU 中心隆起部分的芯片就是核心。核心是由单晶硅以一定的生产工艺制造出来的，CPU 所有的计算、接收/存储命令和处理数据都由核心完成，所以核心的产品规格会显示出 CPU 的性能高低。过去的 CPU 只有一个核心，现在则有 2 个、3 个、4 个、6 个、8 个、10 个、16 个或 18 个核心。18 核心 CPU 是指具有 18 个核心的 CPU，这归功于 CPU 多核心技术的发展。多核心是指基于单个半导体的一个 CPU 上拥有多个相同功能的处理器核心，即将多个物理处理器核心整合到一个核心中。核心数量并不能决定 CPU 的性能，多核心 CPU 的性能优势主要体现在多任务的并行处理，即同一时间处理两个或多个任务的能力上。

但这个优势需要软件优化才能体现出来。例如，如果某软件支持多任务处理技术，双核心 CPU（假设主频都是 2.0 GHz）就可以在处理单个任务时，两个核心同时工作，一个核心只需处理一半任务就可以完成工作，这样的效率等同于一个 4.0 GHz 主频的单核心 CPU 的效率。

线程数。线程是指 CPU 运行中程序的调度单位，多线程通常是指可通过复制 CPU 上的结构状态，让同一个 CPU 上的多个线程同步执行并共享 CPU 的执行资源，从而最大限度地提高 CPU 运算部件的利用率。线程数越多，CPU 的性能也就越高。主流 CPU 的线程数包括双线程、4 线程、8 线程、12 线程、16 线程、24 线程和 32 线程。

核心代号。核心代号也可以看成 CPU 的产品代号，即使是同一系列的 CPU，其核心代号也可能不同。例如，Intel 的核心代号有 Coffee Lake、Ice Lake、SkyLake – XKaby Lake、Kaby Lake – X、Skylake、Comet Lake、Comet Lake – S 等；AMD 的核心代号有 Zen、Zen 2、Zen +、Kaveri、Godavari、Llano 和 Trinity 等。

热设计功耗。热设计功耗（Thermal Design Power，TDP）是指 CPU 的最终版本在满负荷（CPU 利用率为理论设计的 100%）时，可能会达到的最高散热热量。散热器必须保证在 TDP 最大时，CPU 的温度仍然在设计范围之内。随着现在多核心技术的发展，在同样的核心数量下，CPU 的 TDP 越小，则性能越好。目前主流 CPU 的 TDP 值有 15 W、35 W、45 W、

65 W 和 95 W。

2.2.4 缓存

缓存是指可进行高速数据交换的存储器，它先于内存与 CPU 进行数据交换，速度极快，所以又被称为高速缓存。缓存的结构和大小对 CPU 速度的影响非常大，CPU 缓存的运行频率极高，一般和处理器同频运作，工作效率远远高于系统内存和硬盘。CPU 缓存一般分为 L1、L2 和 L3。当 CPU 要读取一个数据时，首先从 L1 缓存中查找，如果没有找到，则从 L2 缓存中查找，若还是没有，则从 L3 缓存或内存中查找。一般来说，每级缓存的命中率大概为 80%，也就是说，全部数据量的 80% 都可以在 L1 缓存中找到，由此可见，L1 缓存是整个 CPU 缓存架构中最为重要的部分。

L1 缓存。L1 缓存也叫一级缓存，位于 CPU 内核的旁边，是与 CPU 结合最为紧密的 CPU 缓存，也是历史上最早出现的 CPU 缓存。由于一级缓存的技术难度和制造成本最高，提高容量带来的技术难度和成本的增加非常大，所带来的性能提升却不明显，性价比很低，因此，一级缓存是所有缓存中容量最小的。

L2 缓存。L2 缓存也叫二级缓存，主要用来存放计算机运行时操作系统的指令程序数据和地址指针等数据。L2 缓存容量越大，系统的运行速度越快，因此，Intel 与 AMD 公司都尽最大可能加大 L2 缓存的容量，并使其与 CPU 在相同频率下工作。

L3 缓存。L3 缓存也叫三级缓存，分为早期的外置和现在的内置。其实际作用是进一步降低内存延迟，同时提升大数据量计算时处理器的性能。降低内存延迟和提升大数据量计算能力对运行大型场景文件很有帮助。

在理论上，3 种缓存对 CPU 性能的影响力是 L1 > L2 > L3，但由于 L1 缓存的容量在现有技术条件下已经无法增加，所以 L2 和 L3 缓存才是 CPU 性能表现的关键，在 CPU 核心不变的情况下，增加 L2 或 L3 缓存的容量能使 CPU 性能大幅度提高。选购 CPU 要求标准的高速缓存通常是指该 CPU 具有的最高级缓存的容量，例如具有 L3 缓存，就是具有 L3 缓存的容量。

2.2.5 插槽类型

CPU 需要通过固定标准的插槽与主板连接后才能进行工作，经过这么多年的发展，CPU 采用的插槽经历了引脚式、卡式、触点式、针脚式等多个阶段。目前以触点式和针脚式为主，主板上都有相应的插槽底座。CPU 插槽的类型不同，其插孔数、体积、形状都有变化，所以不能互相接插。目前常见的 CPU 插槽分为 Intel 和 AMD 两个系列。Intel 的 CPU 插槽包括 LGA 1200、LGA 2066、LGA 2011 – v3、LGA 2011、LGA 1151、LGA 1150、LGA 1155 等类型。AMD 的 CPU 插槽类型多为针脚式，包括 Socket TR4、Socket TRX4、Socket AM4、Socket AM3 + 等。其中，Socket AM4 是主流类型，Socket TR4 和 Socket TRX4 是最新的触点式插槽。图 2 – 5 所示为使用不同类型插槽的 AMD CPU。

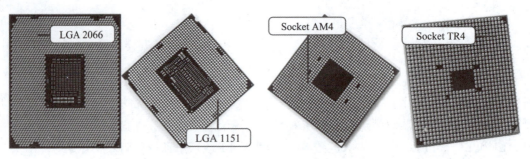

图 2-5　CPU 的不同接口

2.3　CPU 的制作流程

CPU 是现代计算机的核心部件，又称为"微处理器（Microprocessor）"。对于 PC 而言，CPU 的规格与频率常常被用来作为衡量一台计算机性能强弱的重要指标。如图 2-6 所示，Intel x86 架构已经经历了二十多年，而 x86 架构的 CPU 对我们大多数人的工作、生活影响颇为深远。

图 2-6　CPU

CPU 里面最重要的结构是晶体管，要提高 CPU 的速度，就是要在相同的 CPU 里放入更多的晶体管。晶体管其实就是一个双位开关：开和关，对于机器来说，即 0 和 1。那么如何制作一个 CPU 呢？

2.3.1　制作 CPU 的基本原料

制作 CPU 最重要的原料是硅。

英特尔技术人员在半导体生产工厂内使用自动化测量工具，依据严格的质量标准对晶圆的制造进度进行监测，如图 2-7 所示。

图 2-7　对晶圆的制造进度进行监测

除了硅之外，还需要一种重要的材料——金属铝。目前为止，铝已经成为制作处理器内部配件的主要金属材料，而铜则逐渐被淘汰。这是因为，在目前的 CPU 工作电压下，铝的电迁移特性明显好于铜。所谓电迁移问题，就是指当大量电子流过一段导体时，导体物质原子受电子撞击而离开原有位置，留下空位，如果空位过多则会导致导体连线断开，而离开原位的原子停留在其他位置，会造成其他地方短路，从而影响芯片的逻辑功能，进而导致芯片无法使用。这就是许多 Northwood Pentium 4 换上 SNDS 的原因。

除了这两种主要的材料外，在芯片的设计过程中，还需要其他化学原料，它们起着不同的作用，这里不再赘述。

2.3.2　CPU 制造的准备阶段

在必备原材料的采集工作完毕之后，这些原材料中的一部分需要进行一些预处理工作。而作为最主要的原料，硅的处理工作至关重要。硅原料首先要进行化学提纯，这一步骤使其达到可供半导体工业使用的原料级别。为了使这些硅原料能够满足集成电路制造的加工需要，还必须将其整形，这一步是通过溶化硅原料，然后将液态硅注入大型高温石英容器实现的。

晶圆上的方块称为"芯片（die）"，每个微处理器都会成为个人计算机系统的"大脑"。
然后将原料进行高温熔化。许多固体内部原子是晶体结构，硅也是如此。为了达到高性能处理器的要求，整块硅原料必须高度纯净。接着从高温容器中采用旋转拉伸的方式将硅原料取出，此时一个圆柱体的硅锭就产生了。从目前所使用的工艺来看，硅锭圆形横截面的直径一般为 200 mm。不过现在 Intel 和其他一些公司已经开始使用 300 mm 直径的硅锭了。在保留硅锭的各种特性不变的情况下增加横截面的面积是具有很大难度的，Intel 为研制和生产 300 mm 硅锭而耗费大约 35 亿美元建立了专门的工厂，新技术的成功使得 Intel 可以制造复杂程度更高、功能更强大的集成电路芯片。下面就从硅锭的切片开始介绍 CPU 的制造过程。

清洁的空气源源不断地从天花板和地板的空隙中流入室内。无尘车间中的全部空气每分钟都会进行多次更换。

在制成硅锭并确保其是一个绝对的圆柱体之后，将这个圆柱体硅锭切片，切片越薄，用料越省，可以生产的处理器芯片就更多。切片还要通过镜面精加工处理来确保表面绝对光滑，之后检查是否有扭曲或其他问题。这一步的质量检验尤为重要，它直接决定了成品 CPU 的质量。

新的切片中要掺入一些物质而使之成为真正的半导体材料，而后在其上刻画代表着各种逻辑功能的晶体管电路。掺入的物质原子进入硅原子之间的空隙，彼此之间发生原子力的作用，从而使得硅原料具有半导体的特性。今天的半导体制造多选择 CMOS 工艺（互补型金属氧化物半导体）。其中，互补一词表示半导体中 N 型 MOS 管和 P 型 MOS 管之间的交互作用。N 和 P 在电子工艺中分别代表负极和正极。多数情况下，切片被掺入化学物质而形成 P 型衬底，在其上刻画的逻辑电路要遵循 nMOS 电路的特性来设计，这种类型的晶体管空间利用率更高，也更加节能。同时，在多数情况下，必须尽量限制 pMOS 型晶体管的出现，因为在制造过程的后期，需要将 N 型材料植入 P 型衬底中，而这一过程会导致 pMOS 管的形成。

在掺入化学物质的工作完成之后，标准的切片就完成了。然后将每一个切片放入高温炉中加热，通过控制加温时间而使得切片表面生成一层二氧化硅膜。通过密切监测温度、空气成分和加温时间，该二氧化硅层的厚度是可以控制的。在 Intel 的 90 nm 制造工艺中，门氧化物的宽度小到了惊人的 5 个原子厚度。这一层门电路也是晶体管门电路的一部分，晶体管门电路的作用是控制其间电子的流动，通过对门电压的控制，电子的流动被严格控制，而不论输入/输出端口电压的大小。

准备工作的最后一道工序是在二氧化硅层上覆盖一个感光层。这一层物质用于同一层中的其他控制应用。这层物质在干燥时具有很好的感光效果，而且在光刻蚀过程结束之后，能够通过化学方法将其溶解并除去。

2.3.3 光刻蚀

这是目前 CPU 制造过程中工艺非常复杂的一个步骤。光刻蚀过程就是使用一定波长的光在感光层中刻出相应的刻痕，由此改变该处材料的化学特性。这项技术对所用光的波长的要求极为严格，需要使用短波长的紫外线和大曲率的透镜。刻蚀过程还会受到晶圆上的污点的影响。每一步刻蚀都是一个复杂而精细的过程。设计每一个过程所需的数据量都可以 10 GB 为单位来计量，并且制造每块处理器所需的刻蚀步骤都超过 20 步（每一步进行一层刻蚀）。

这些刻蚀工作全部完成之后，晶圆被翻转过来。短波长光线透过石英模板上镂空的刻痕照射到晶圆的感光层上，然后撤掉光线和模板。可以通过化学方法除去暴露在外边的感光层物质，而二氧化硅则立即在镂空位置的下方生成。

2.3.4 掺杂

在残留的感光层物质被去除之后，剩下的就是充满沟壑的二氧化硅层以及暴露出来的在该层下方的硅层。这一步之后，另一个二氧化硅层制作完成。然后，加入带有感光层的多晶硅层。多晶硅是门电路的另一种类型。由于此处使用到了金属原料（因此称为金属氧化物半导体），多晶硅允许在晶体管队列端口电压起作用之前建立门电路。感光层同时还要被短波长光线透过掩模刻蚀。再经过一步刻蚀，所需的全部门电路基本成型了。然后要对暴露在外的硅层通过化学方式进行离子轰击，目的是生成 N 沟道或 P 沟道。这个掺杂过程创建了全部的晶体管及彼此间的电路连接，每个晶体管都有输入端和输出端，两端之间被称为端口。

2.3.5 制作多层立体架构

加入一个二氧化硅层，然后光刻一次，重复这个步骤，最终出现一个多层立体架构，这就是处理器的萌芽状态。在每层之间采用金属涂膜技术进行导电连接。P4 处理器采用了 7 层金属连接，而 Athlon 64 使用了 9 层，所使用的层数取决于最初的版图设计，并不直接代表着最终产品的性能差异。

2.3.6 封装测试

接下来需要对晶圆进行测试，包括：检测晶圆的电学特性，看是否有逻辑错误，如果有，是在哪一层出现的；晶圆上每一个出现问题的芯片单元将被单独测试，以确定该芯片是否需要特殊加工；技术人员检查各个晶圆，确保每个晶圆都处于最佳状态；将整片晶圆切割成一个个独立的处理器芯片单元。在最初测试中，那些检测不合格的单元将被遗弃。那些被切割下来的芯片单元将被采用某种方式进行封装，以便顺利地将其插入某种接口规格的主板。大多数 Intel 和 AMD 的处理器会被覆盖一个散热层。在处理器成品完成之后，还要进行全方位的芯片功能检测。这一步会产生不同等级的产品，一些芯片的运行频率相对较高，于是打上高频率产品的名称和编号，而那些运行频率相对较低的芯片则加以改造，打上其他低频率型号。这就是不同市场定位的处理器。有些处理器可能在芯片功能上有一些不足之处，比如在缓存功能上有缺陷（这种缺陷足以导致绝大多数的 CPU 瘫痪），那么它们就会被屏蔽掉一些缓存容量，因而降低了性能，当然，也就降低了产品的售价，这就是 Celeron 和 Sempron 的由来。

在 CPU 包装完成之后，许多产品要再进行一次测试来确保先前的制作过程无一疏漏，并且产品完全遵照规格所述，没有偏差。

2.4 CPU 的接口类型

2.4.1 基于 Intel 平台的 CPU 接口

1. LGA 478 接口

LGA 478 接口有 478 个插孔，早期的 Pentium 4 处理器较常使用。其有较好的硬件搭配和升级能力。

2. LGA 775 接口

LGA 775 接口有 775 个插孔，LGA 封装的 Pentium 4、Celeron D、Pentium D、Pentium Extreme Edition、Core 2 Duo 和 Core 2 Extreme 处理器较常使用。LGA 775 取代 LGA 478 成为 Intel 平台的主流 CPU 接口。

3. LGA 1366 接口

LGA 1366 接口有 1 366 个插孔，比 LGA 775 接口的面积大了 20%。它是 Core i7 处理器的插座，读取速度比 LGA 775 快。

4. LGA 1156 接口

LGA 1156 接口有 1 156 个插孔。其是 Intel Core i3、Core i5 和 Core i7 处理器的插座，读取速度比 LGA 775 快。LGA 1156 接口现已被 LGA 1155 所取代。

5. LGA 1155 接口

LGA 1155 接口有 1 155 个插孔，搭配 Sandy Bridge 微架构的新款 Core i3、Core i5 及 Core i7 处理器所用的 CPU 接口。此插槽已取代 LGA 1156。

6. LGA 2011 接口

LGA 2011 接口有 2 011 个插孔，是 Intel 公司于 2011 年 11 月推出的搭配 Sandy Bridge—E 平台的 Core i7 处理器所用的 CPU 接口。此插槽将取代 LGA 1366 成为 Intel 平台的高端 CPU 接口。

7. LGA 1150 接口

LGA 1150 接口有 1 150 个插孔，是 Intel 公司于 2013 年推出的接口，供基于 Haswell 微架构的处理器使用。LGA 1150 的插座上有 1 150 个突出的金属接触位，处理器上则与之对应有 1 150 个金属触点。散热器的安装位置和 LGA 1155、LGA 1156 的一样，安装脚位的尺寸都是 75 mm×75 mm，因此，适用于 LGA 1156/LGA 1155 的散热器可以安装在 LGA 1150 的插座上。和 LGA 1156 过渡至 LGA 1155 一样，LGA 1150 和 LGA 1155 互不兼容。

8. LAG 1151 接口

LAG 1151 接口有 1 151 个插孔，是 Intel 公司于 2015 年推出的接口。

2.4.2 基于 AMD 平台的 CPU 接口

1. Socket 754 接口

Socket 754 接口具有 754 个插孔，是 AMD 公司于 2003 年 9 月发布的 64 位桌面平台接口标准。主要适用于 Athlon 64 的低端型号和 Sempron 的高端型号。

2. Socket 939 接口

Socket 939 接口具有 939 个插孔，是 AMD 公司于 2004 年 6 月发布的 64 位桌面平台接口标准。主要适用于 Athlon 64、Athlon 64 X2 和 Athlon 64 FX。

3. Socket AM2 接口

Socket AM2 接口具有 940 个插孔，是 AMD 公司于 2006 年 5 月发布的 64 位桌面平台接口标准。主要适用于 Sempron、Athlon 64、Athlon 64 X2 及 Athlon 64 FX 等，它是目前 AMD

全系列桌面 CPU 所对应的接口标准。Socket AM2 将逐渐取代原有的 Socket 754 和 Socket 939，从而实现 AMD 桌面平台接口标准的统一。

4. Socket AM2＋接口

Socket AM2＋接口的插孔数跟 Socket AM2 的一样，用于多款 AMD 处理器，包括 Athlon 64、Athlon 64 X2 及 Phenom 系列。Socket AM2＋完全兼容 Socket AM2，Socket AM3 的处理器可用于 Socket AM2＋的主板，但是 Socket AM2＋的处理器不可用于 Socket AM3 的主板。一个处理器接口通常是由支持更新的内存类型来界定的 Socket AM2 就是因为要支持 DDR2 内存的主板才诞生的。然而 Socket AM2＋接口不支持 DDR3，Socket AM3 接口全面支持 DDR3，Socket AM2＋只能作为一种过渡产品存在。

5. Socket AM3 接口

Socket AM3 接口是 AMD 公司于 2009 年 2 月推出的接口标准，有 940 个插孔，其中，938 个是激活的。其可用于多款 AMD 处理器，包括 Sempron Ⅱ、Athlon Ⅱ 及 Phenom Ⅱ 系列。Socket AM3 用于取代 Socket AM2＋，是 AMD 全系列桌面 CPU 所对应的新接口标准。

6. Socket AM3＋接口

Socket AM3＋接口是 AMD 公司于 2011 年 10 月推出的接口标准，具有 942 个插孔，其中，940 个是激活的。其用于 AMD FX 系列的处理器，Socket AM3＋接口向下兼容 Socket AM3。

7. Socket FM1 接口

Socket FM1 是 AMD 公司最新的 APU 处理器所用的接口，有 905 个插孔。

8. Socket FM2 接口

Socket FM2 是 AMD 桌面平台的 CPU 插座，Trinity 及 Richland 的第二代加速处理器比较常用，具体型号是 A10/A8/A6/A4/Athlon。

9. Socket FM2＋接口

Socket FM2＋是 Socket FM2 的后续者，能够向前兼容 Socket FM2 的处理器。

2.5 CPU 的命名方式

2.5.1 Intel CPU 的命名规则

以"酷睿 i5－12600KF"为例简单概括：

①酷睿是 Intel 处理器的一个系列，其他还有"奔腾""赛扬""至强"等。

②i3、i5、i7、i9 表示级别，数字越大，级别越高。

③12 表示代数，说明酷睿这个系列已经到 12 代了，最新的是 13 代（2022 年），后面还会继续更新。

④600 表示性能水平，i5 级别还有 12400、12490 存在，它们的性能比 12600 要低。

⑤K 表示该处理器支持 CPU 超频，也就是可以自定义 CPU 频率，需要搭配支持的 Z 系

列、X 系列主板来实现。

⑥F 表示该处理器没有集成核显,也就是必须搭配独立显卡使用,否则,屏幕不亮。

2.5.2 AMD CPU 的命名规则

AMD 的命名要稍微复杂些,因为其经常改名字(尤其是移动端)。以桌面端处理器"锐龙 R7－5800X3D"为例简单概括:

①锐龙是处理器系列的名字。

②R3、R5、R7、R9 表示级别,数字越大,级别越高。

③5 表示代数,说明锐龙这个系列已经到 5 代了,最新的是 7 代(2022 年,桌面端没有 6 代),后面也会继续更新代数。

④800 代表性能水平,数值越大,表示性能越强。

⑤X 后缀表示支持 AMD 官方超频 XFR 技术,也就是自动超频。当然,不带 X 后缀的 AMD 处理器也是支持手动超频的。

⑥3D 后缀表示支持 AMD 3D V－Cache 技术,游戏性能更强。

⑦其他,比如 WX 结尾表示线程撕裂者系列、PRO 后缀表示支持一些特别的数据安全技术、U 表示面向低电压轻薄本、H 表示面向标压笔记本等。

需特别注意的是,一般带 G 后缀的 AMD 处理器是带核显的,也就是常说的 APU,其集成了 Vega 显卡,性能较强。但是最新的带 X 后缀的 7000 系处理器也是集成了核显的,只是性能较弱,满足点亮机器需求。

2.6 CPU 的工作原理

CPU 主要由运算器、控制器和寄存器组成。运算器也称为算术逻辑单元(Arithmetic Logical Unit,ALU),功能是完成各种算术运算和逻辑运算。控制器并不具有运算功能,它主要用来读取各种指令,并对指令进行译码分析,做出相应的控制操作。此外,在 CPU 中还有若干个寄存器,它是 CPU 内部的临时存储单元,主要用于存放程序运行过程中使用的数据。这 3 部分互相配合,完成复杂的数据处理任务并控制 PC 各个部分协调工作。总的来说,CPU 具有 3 个基本功能:读数据、处理数据和写数据(即将数据写到存储器中)。它是计算机中不可缺少的重要部分,所以人们把 CPU 形象地比喻为计算机的"心脏"。

2.7 CPU 散热器

2.7.1 风冷

风冷散热是最常见的散热类型,优点是安全和相对便宜,缺点是解热上限没有水冷的高。风冷的散热原理是通过铜底到热管把热量传导到鳍片上,通过风扇带来的冷空气把鳍片上的热量带走。鳍片的数量和面积越大，与空气接触的面积就越大，散热越好，但若风冷体积过大，则限制因素也过多。

2.7.2 水冷

水冷技术分为两种：分体水和一体水。

水冷散热的导热介质较好。散热器本体工艺主要是水泵在冷头上的 asetek 方案，以及泵在冷排上的方案。

2.8 CPU 的选购

在选购 CPU 时，除了需要考虑 CPU 的性能外，还需要从用途和质保等方面来综合考虑。同时，要能够识别 CPU 的真伪，以求获得性价比高的 CPU。选购 CPU 时，需要根据 CPU 的性价比及购买用途等因素进行选择。目前 CPU 主要以 Intel 和 AMD 两大厂家的产品为主，它们各自产品的性能和价格也不完全相同。

2.8.1 选购原则

在选购 CPU 时，可以考虑以下几点原则。

对计算机性能要求不高的用户，可以选择较低端的 CPU 产品，如 Intel 的 Celeron 和 Pentium 系列，以及 ADM 的 APU 和推土机系列。

对计算机性能有一定要求的用户，可以选择中低端的 CPU 产品，如 Intel 的 Core i3 和 Core i5 系列、ADM 的 Ryzen 3 和 Ryzen 5 系列。

对计算机有较高要求的游戏玩家、图形图像设计人员等用户，应该选择高端的 CPU 产品，如 Intel 的 Core i7 系列、ADM 的 Ryzen 7 系列；高端游戏玩家，则应该选择最先进的 CPU 产品，如 Intel 的 Core i9 系列、ADM 的 Ryzen 9 和 Ryzen Threadripper 系列。

2.8.2 识别真伪

不同厂商生产的 CPU 的防伪设置不同，但基本上大同小异。下面以 Intel 生产的 CPU 为例，介绍验证其真伪的方法。

通过手机微信查找"英特尔中国"相关内容，关注"英特尔中国"微信公众号，单击"英特尔中国"公众号右下角的"查真伪"选项卡，在弹出的列表中单击"扫描处理器序列号"选项，然后用手机扫描 CPU 产品标签中的序列号条码，即可查询该 CPU 的真伪。

查看总代理标签。从正规的 Intel 授权零售店面购买的正品盒装 CPU，通常有 4 个总代理标签。

验证产品序列号。正品 CPU 的产品序列号通常打印在包装盒的产品标签上，该序列号应该与盒内保修卡中的序列号一致。

查看封口标签。正品 CPU 包装盒的封口标签仅在包装盒的一侧，标签为透明色，字体为白色，颜色深且清晰。

验证风扇部件号。正品盒装 CPU 通常配备了散热风扇，使用风扇的激光防伪标签上的风扇部件号也能验证 CPU 的真伪。

验证产品批次号。正品盒装 CPU 的产品标签上还有产品的批次号，通常以"FPO"或"Batch"开头。CPU 产品正面标签的最下方也会有激光印制的编号，如果该编号与标签上打印的批次号一致，则也能证明 CPU 为真。

任务三 认识主板

📝 学习情境描述

计算机中所有的硬件通过主板直接或间接地组成了一个工作平台，只有通过这个平台，用户才能进行计算机的相关操作。从外观上看，主板是计算机中最复杂的设备，而且几乎所有的计算机硬件都通过主板连接，所以，主板是主机中最重要的一块电路板，起到了桥梁的作用。本任务内容将介绍主板的类型、结构、主要性能参数及选购主板的注意事项。

📍 学习目标

（1）了解主板的结构和工作原理。
（2）了解影响主板芯片组与 CPU 之间的关系。
（3）能熟练掌握主板的各类插槽、接口。
（4）能熟练掌握主板主要芯片的功能。

📋 任务书

了解主板的常见结构，讨论不同结构主板的区别，对主板的各类插槽、接口进行辨认、分类，并在相应位置标注名称。

👥 任务分组

学生任务分配表

班级		组号		教师	
组长		学号			
组员		姓名	学号	姓名	学号
任务分工					

工作准备

（1）阅读任务书，仔细观察主板的结构，根据特点进行讨论并分类，填写记录。

（2）上网收集主板的发展史，讨论主板的工作原理、如何区分结构，并根据自己的感受，说出不同结构的主板之间的优缺点。

（3）结合任务书分析本节课的难点和常见问题。

工作实施

引导问题 1：主板的作用是什么？

_____
_____
_____
_____

引导问题 2：主板有哪些内部插槽？

_____
_____
_____
_____

引导问题 3：主板有哪些外部接口？

_____
_____
_____
_____

引导问题 4：不同结构类型的主板之间的区别是什么？

_____
_____
_____
_____

引导问题 5：主板上有哪些主要芯片？它们的作用是什么？

_____
_____
_____
_____

引导问题 6：主板芯片组与 CPU 之间的对应关系是什么？

_____
_____
_____

引导问题 7：选购主板时应该注意什么？

_____
_____
_____

引导问题 8：主板常见的品牌有哪些？

_____
_____
_____

💡 小提示

根据品牌评价以及销量评选出了主板十大品牌，分别是华硕/ASUS、微星/msi、技嘉/GIGABYTE、七彩虹/Colorful、昂达/ONDA、华擎/ASROCK、铭瑄、玩家国度/ROG、映泰、梅捷。

📊 评价反馈

学生进行自评，评价自己能否完成本节课的学习，有无任务遗漏。教师对学生进行的评价内容包括：报告书写是否工整规范、内容数据是否真实合理、是否起到了实训的作用。

（1）学生进行自我评价，并将结果填入学生自测表中。

学生自测表

班级：	姓名：	学号：		
学习情境	主板			
评价项目	评价标准		分值	得分
主板的作用	能正确理解主板的作用和意义		5	
主板的结构	能正确认知不同结构主板之间的区别		10	
主板的品牌	能正确认知主板的常见品牌		10	
主板芯片组与CPU的关系	能正确认知主板与CPU的对应关系		10	
主板的内部插槽	能正确识别出主板的内部插槽		10	
主板的外部接口	能正确识别出主板的外部接口		10	
主板的选购	能合理选购主板		10	
工作态度	态度端正，无无故缺勤、迟到、早退现象		5	

续表

班级：		姓名：	学号：	
学习情境		主板		
评价项目		评价标准	分值	得分
工作质量		能按计划完成工作任务	10	
协调能力		与小组成员、同学之间能合作交流、协调工作	5	
职业素养		能做到爱护公物，文明操作	10	
创新意识		通过查阅资料，能更好地理解本节课的内容	5	
合计			100	

（2）学生以小组为单位，对以上学习情境的过程与结果进行互评，将互评结果填入学生互评表。

学生互评表

学习情境		主板												
评价项目	分值	等级								评价对象（组别）				
										1	2	3	4	5	6
计划合理	8	优	8	良	7	中	6	差	4					
方案准确	8	优	8	良	7	中	6	差	4					
团队合作	8	优	8	良	7	中	6	差	4					
组织有序	8	优	8	良	7	中	6	差	4					
工作质量	8	优	8	良	7	中	6	差	4					
工作效率	8	优	8	良	7	中	6	差	4					
工作完整	10	优	10	良	8	中	5	差	2					
工作规范	16	优	16	良	12	中	10	差	5					
识读报告	16	优	16	良	12	中	10	差	5					
成果展示	10	优	10	良	8	中	5	差	2					
合计	100													

（3）教师对学生的工作过程与工作结果进行评价，并将评价结果填入教师综合评价表中。

教师综合评价表

班级：		姓名：		学号：	
学习情境			主板		
	评价项目	评价标准		分值	得分
	考勤	无无故迟到、旷课、早退现象		10	
工作过程	主板的作用	能正确理解主板的作用和意义		10	
	主板的结构	能正确认知不同结构主板之间的区别		10	
	主板的品牌	能正确认知主板的常见品牌		10	
	主板芯片组与CPU的关系	能正确认知主板与CPU的对应关系		10	
	主板的内部插槽	能正确识别出主板的内部插槽		10	
	主板的外部接口	能正确识别出主板的外部接口		10	
	主板的选购	能合理选购主板		10	
项目成果	工作完整	能按时完成任务		5	
	工作规范	能按要求完成任务		5	
	成果展示	能准确表达、汇报工作成果		10	
合计				100	

 拓展思考题

（1）如何区分主板上的南桥芯片和北桥芯片？

_____

_____

（2）主板上的纽扣电池的主要作用是什么？

_____

_____

_____

学习情境的相关知识点

3.1 主板的概念与分类

主板（MainBoard）也称为母板（MotherBoard）或系统板（SystemBoard），其外观如图3-1所示。主板上安装了组成计算机的主要电路系统，包括各种芯片、各种控制开关接口、各种直流电源供电插件、各种插槽等。

图 3-1 ATX 版型主板

主板的类型很多，分类方法也不同。主板可以按照 CPU 插槽、支持平台类型、芯片组、功能、印制电路板的工艺等进行分类。常用主板的板型主要有 ATX、M-ATX、E-ATX 和 Mini-ITX 4 种。

ATX（标准型）。它是目前主流的主板标准板型，也称为大板或标准板。如果用量化的数据来表示，以背部 I/O 接口那一侧为"长"，另一侧为"宽"，那么 ATX 板型主板的尺寸就是 305 mm×244 mm。其特点是插槽较多，扩展性强。图 3-1 所示为一款标准的 ATX 板型主板，其拥有 7 条扩展插槽，而所占用的槽位为 8 条。

M-ATX（紧凑型）。它是 ATX 板型主板的简化版本，就是常说的"小板"，特点是扩展槽较少，PCI 插槽数量在 3 个或 3 个以下，市场占有率极高。图 3-2 所示为一款标准的 M-ATX 板型主板。M-ATX 板型主板，在宽度上与 ATX 板型主板保持一致，均为 244 mm；而在长度上，则缩小为 244 mm，板形变成了正方形形状。M-ATX 板型主板的量化数据为标配 4 条扩展插槽，占据 5 条槽位。

E-ATX（加强型）。随着多通道内存模式的发展，一些主板需要配备 3 通道 6 条内存插槽，或配备 4 通道 8 条内存插槽，这对于宽度最多为 244 mm 的 ATX 板型主板来说都很吃力，所以需要增加 ATX 板型主板的宽度，这就产生了加强型 ATX 板型——E-ATX。图 3-3 所示为一款标准的 E-ATX 板型主板。E-ATX 板型主板的长度保持为 305 mm，而宽度则有多种尺寸，多用于服务器或工作站计算机。

图 3-2 M-ATX 板型主板

Mini-ITX（迷你型）。这种板型依旧是基于 ATX 架构规范设计的，主要支持用于小空间的计算机，如用在汽车、机顶盒和网络设备中。图 3-4 所示为一款标准的 Mini-ITX 板型主板。Mini-ITX 板型主板尺寸为 170 mm×170 mm（在 ATX 构架下几乎已经做到最小），由于面积所限，其只配备了 1 条扩展插槽，占据 2 条槽位；另外，还提供了 2 条内存插槽。Mini-ITX 板型主板最多支持双通道内存和单显卡运行。

图 3-3　E-ATX 板型主板

图 3-4　Mini-ITX 板型主板

3.2　主板上的芯片

主板上的重要芯片包括 BIOS 芯片、芯片组、集成声卡芯片、集成网卡芯片等。

BIOS 芯片。基本输入/输出系统（Basic Input Output System，BIOS）芯片是一块矩形的存储器，里面存有与该主板搭配的基本输入/输出系统程序，能够让主板识别各种硬件，还可以设置引导系统的设备和调整 CPU 外频等。BIOS 芯片是可以写入程序的，这方便了用户更新 BIOS 的版本。图 3-5 所示为主板上的 BIOS 芯片。

芯片组。芯片组（Chipset）是主板的核心组成部分，通常由南桥（South Bridge）芯片和北桥（North Bridge）芯片组成。现在大部分主板都将南/北桥芯片封装到一起，形成一个芯片组，称为主芯片组。北桥芯片是主芯片组中最重要的，起主导作用的组成部分，也称为主桥，过去主芯片组的命名通常以北桥芯片为主。北桥芯片主要负责处理 CPU、内存和显卡三者间的数据交流，南桥芯片则负责硬盘等存储设备和 PCI 总线之间的数据流通。图 3-6 所示为封装的芯片组。

图 3-5　主板上的 BIOS 芯片

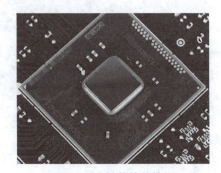

图 3-6　封装的芯片组

纽扣电池的主要作用是在计算机关机时保持 BIOS 设置不丢失；当电池电力不足时，BIOS 中的设置会自动还原回出厂设置，如图 3-7 所示。

集成网卡芯片。该芯片整合了网络功能，不占用独立网卡的 PCI 插槽或 USB 接口，能实现良好的兼容性和稳定性，如图 3-8 所示。

图 3-7 纽扣电池

图 3-8 集成网卡芯片

3.3 主板上的扩展插槽

扩展插槽主要是指主板上能够进行拔插的配件。这部分配件可以用"插"来安装,用"拔"来反安装,主要包括以下一些配件。

PCI-Express 插槽。PCI-Express(简称 PCI-E)插槽即显卡插槽扩展插槽,目前的主板上大都配备的是 3.0 版本。插槽越多,其支持的模式也就越多,能够充分发挥显卡的性能。目前 PCI-E 的规格包括 x1、x4、x8 和 x16。PCI 总线可以直接协同工作,x16 代表 16 条总线同时传输数据。PCI-E 规格中的数越大,其性能越好。图 3-9 所示为主板上的 PCI-E 插槽和背面引脚。通常可以通过主板背面的 PCI-E 插槽的引脚长短来判断其规格,越长的性能越强。现在有些 PCI-E 插槽还配备了金属装甲,其主要功能是保护显卡并加快热量散发。现阶段,x4 和 x8 规格就基本可以让显卡发挥出全部性能了,虽然在 x16 规格下显示性能会有提升,但是并不是非常明显。也就是说,在各种规格插槽都有的情况下,显卡应尽量插入高规格的插槽中;如果实在没有,稍微降低一些也无损显卡的性能。

图 3-9 PCI-E 插槽和背面引脚

SATA 插槽。SATA(Serial ATA)插槽又称为串行插槽,SATA 以连续串行的方式传送数据,减少了插槽的针脚数目,主要用于连接机械硬盘和固态硬盘等设备。图 3-10 所示为目前主流的 SATA 3.0 插槽,大多数机械硬盘和一些固态硬盘都使用这个插槽,其能够与 USB 设备一起通过主芯片组与 CPU 通信,带宽为 6 Gb/s(b(bit)代表位,折算成传输速率大约为 750 MB/s，B 代表字节）。

U.2 插槽。图 3-10 中的 U.2 插槽是另一种形式的高速硬盘接口，可以将其看作 4 通道的 SATA-E，传输带宽理论上会达到 32 Gb/s。

M.2 插槽（NGFF 插槽）。M.2 插槽是最近比较热门的一种存储设备插槽，其带宽大（M.2 Socket 3 的带宽可达到 32 Gb/s，折算成传输速率大约为 4 GB/s），传输数据速度快，且占用空间小，主要用于连接比较高端的固态硬盘产品，如图 3-11 所示。

图 3-10　SATA 插槽和 U.2 插槽　　　　　图 3-11　M.2 插槽

CPU 插槽。CPU 插槽是用于安装和固定 CPU 的专用扩展槽，根据主板支持的 CPU 不同而不同，其主要表现在 CPU 背面各电子元件的不同布局。CPU 插槽通常由固定罩、固定杆和 CPU 插座 3 个部分组成。在安装 CPU 前，需通过固定杆将固定罩打开，将 CPU 放置在 CPU 插座上后再合上固定罩，并用固定杆固定 CPU，然后安装 CPU 的散热片或散热风扇。另外，要安装的 CPU 的插槽型号要与主板的 CPU 插槽类型相对应，如，LGA 1151 插槽的 CPU 需要安装在具有 LGA 1151 CPU 插槽的主板上。图 3-12 所示为 LGA 1151 的 CPU 插槽关闭和打开的两种状态。

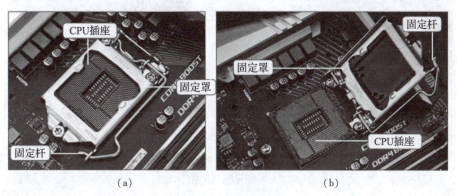

图 3-12　CPU 插槽

内存插槽（DIMM 插槽）。内存插槽是主板上用来安装内存的地方，如图 3-13 所示。主芯片组不同，其支持的内存类型也不同，不同的内存插槽在引脚数量、额定电压和性能方面有很大的区别。

主电源接口。主电源接口的功能是为主板提供电能，将电源的供电插头插入主电源接口，即可为主板上的设备提供正常运行所需的电能。主电源接口目前大都是通用的（20+4）pin 供电，通常位于主板长边中部，如图 3-14 所示。

图 3-13　内存插槽　　　　　　　图 3-14　主电源接口

通常主板的内存插槽附近会标注内存的工作电压，通过不同的电压可以区分不同的内存插槽，一般 1.35 V 低压对应 DDR3L 插槽，1.5 V 标压对应 DDR3 插槽，1.2 V 对应 DDR4 插槽。

辅助电源插槽。辅助电源插槽的功能是为 CPU 提供辅助电源，因此也被称为 CPU 供电插槽。目前 CPU 供电都是由 8 pin 插槽提供的，也可能会采用 4 pin 接口，这两种接口是兼容的。图 3-15 所示为主板上的辅助电源插槽。

CPU 散热器供电插槽。顾名思义，这种插槽的功能是为 CPU 散热风扇提供电源。有些主板只有在 CPU 散热风扇的供电插头插入该插槽后，才允许启动计算机。在主板上，这个插槽通常会被标记为 CPU FAN，如图 3-16 所示。

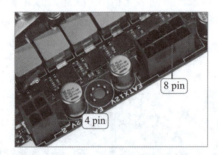 

图 3-15　辅助电源插槽　　　　　　图 3-16　CPU 散热器供电插槽

机箱风扇供电插槽。这种插槽的功能是为机箱上的散热风扇提供电源，在主板上，这个插槽通常会被标记为 CHA_FAN，如图 3-17 所示。

USB 插槽。它的主要用途是为机箱上的 USB 接口提供数据连接，目前主板上主要有 3.0 和 2.0 两种规格的 USB 插槽。USB 3.0 插槽共有 19 枚针脚，右上角部位有一个缺针，下方中部有防呆缺口，与插头对应，如图 3-18 所示。USB 2.0 插槽只有 9 枚针脚，右下方的针脚缺失。

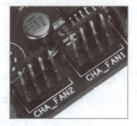  

图 3-17　机箱风扇供电插槽　　　　　图 3-18　USB 插槽

机箱前置音频插槽。许多机箱的前面板都会有耳机和话筒的接口，使用起来更加方便，它在主板上有对应的跳线插槽。这种插槽有9枚针脚，上排右二缺失，一般被标记为AAFP，位于主板集成声卡芯片附近，如图3-19所示。

主板跳线插槽。主板跳线插槽的主要用途是为机箱面板的指示灯和按钮提供控制连接。主板跳线插槽一般是双行针脚，主要有电源开关插槽（PWR-SW，2个针脚，通常无正负之分）、复位开关插槽（RESET，2个针脚，通常无正负之分）、电源指示灯插槽（PWR-LED，2个针脚，通常为左正右负）、硬盘指示灯插槽（HDD-LED，2个针脚，通常为左正右负）、扬声器插槽（SPEAKER，4个针脚），如图3-20所示。

图3-19 机箱前置音频插槽

主板上可能还有其他类型的插槽，如灯带供电插槽、可信平台模块插槽、雷电拓展插槽等，这些插槽通常在特定主板出现。图3-21所示的PCI-E额外供电插槽的功能是解决主板存在多显卡工作时供电不足的问题，它能为PCI-E插槽提供额外电力支持，常见于高端主板，通常是D形4个针脚插槽。

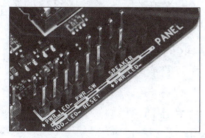

图3-20 主板跳线插槽

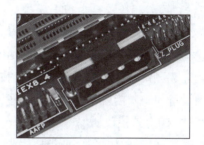

图3-21 额外供电插槽

3.4 主板对外接口

主板的对外接口也是主板上非常重要的组成部分，它通常位于主板的侧面，如图3-22所示。通过对外接口，可以将计算机的外部设备及周边设备与主机连接起来。对外接口越多，可以连接的设备也就越多。

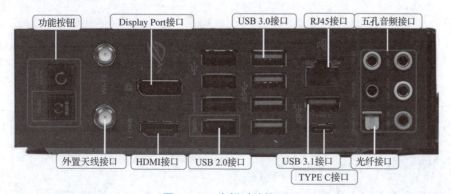

图3-22 主板对外接口

功能按钮。有些主板的对外接口存在功能按钮，一个是刷写 BIOS 按钮（BIOS Flashback），按下后重启计算机，会自动进入 BIOS 刷写界面；另一个是清除 CMOS 按钮（Clear CMOS），更换硬件或设置错误造成无法开机时，都可以按清除 CMOS 按钮来修复。

USB 接口。USB 接口的中文名为"通用串行总线"，最常见的连接该接口的设备是 USB 键盘、鼠标及 U 盘等。当前的很多主板都有 3 个规格的 USB 接口，黑色的为 USB 2.0 接口，蓝色的为 USB 3.0 接口，红色的为 USB 3.1 接口。

Type USB 接口。上面的 3 种 USB 接口也被称为 Type A 型接口，是目前最常 USB 接口；然后是 Type B 型接口，有些打印机或扫描仪等输入/输出设备常采用这种接口；目前流行的 Type C 型接口，其最大的特色是正、反都可以插，传输速度也非常快，许多智能手机采用了这种 USB 接口。

RJ45 接口。RJ45 接口也就是网络接口，俗称水晶头接口，主要用来连接网络。有的主板为了体现使用的是 Intel 千兆网卡，通常会将 RJ45 接口设置为蓝色或红色。

外置天线接口。这种接口是专门为了连接外置 WiFi 天线准备的，无线天线在连接好无线天线后，可以通过主板预装的无线模块支持 WiFi 和蓝牙。

音频接口。音频接口是主板上比较常见的"五孔音频接口 + 光纤接口"的结合。SPDIF OUT 是光纤输出端口，可以将音频信号以光信号的形式传输到声卡等设备。REAR 为 5.1 或 7.1 声道的后置环绕左右声道接口；C/SUB 为 5.1 或 7.1 多声道音箱声道和低音声道接口；MIC IN 为麦克风接口，通常为粉色；LINE OUT 为音箱或耳机接口，通常为浅绿色；LINE IN 为音频设备的输入接口，通常为浅蓝色。

有些主板的对外接口还保留着双色 PS/2 接口。若这种接口只支持单一键盘或鼠标连接，则会呈现单色（键盘为紫色，鼠标为绿色）；若接口为双色并伴有键鼠 Logo，就是键鼠两用。

3.5 主板的选购

主板的性能参数是选购主板时需要认真查看的项目，主要有以下 5 个方面。

3.5.1 芯片

主板芯片是衡量主板性能的主要指标之一，包含以下几个方面的内容。

芯片厂商。芯片厂商主要有 Intel 和 AMD（超威）。

芯片组结构。芯片组通常都是由北桥芯片和南桥芯片组成的，也有南/北桥合一的芯片组。

芯片组型号。不同型号的芯片组性能不同，价格也不同。

集成芯片。集成芯片是指将显示、音频和网络 3 种芯片集成在一起的芯片。

3.5.2 CPU 规格

CPU 规格是主板的主要性能指标之一，CPU 越好，计算机的性能就越好；但如果主板不能完全发挥 CPU 的性能，也会相对影响计算机的性能。CPU 的规格包含以下两个方面。

CPU 平台。主要有 Intel 和 AMD 两种。

CPU 类型。CPU 的类型很多，即便是同一种类型，其运行速度也有所差别。不同类型的 CPU 对应的主板插槽不同。

3.5.3 内存规格

主板的内存规格也是主要性能指标之一，包含以下 4 个方面。

最大内存容量。内存容量越大，能处理的数据就越多。

内存类型。现在的内存类型主要有 DDR3 和 DDR4 两种，主流为 DDR4，其数据传输能力比 DDR3 强大。

内存插槽。主板插槽越多，可以安装的内存就越多。

内存通道。通道技术其实是一种内存控制和管理技术。目前主要有双通道、三通道和四通道 3 种模式。

3.5.4 扩展插槽

扩展插槽的数量也能影响主板的性能。

PCI-E 插槽越多，其支持的模式也越多，能够充分发挥显卡的性能。

SATA 插槽。此类插槽越多，能够安装的 SATA 设备也就越多。

3.5.5 其他性能

除了以上主要性能指标外，在选购主板时，也需要注意以下主板性能指标。

对外接口。对外接口越多，能够连接的外部设备越多。

供电模式。多相供电模式能够提供更大的电流，可以降低供电电路的温度，而且利用多相供电获得的核心电压信号也比少相供电的稳定。

主板板型。板型能够决定安装设备的多少和机箱的大小，以及计算机升级的可能性。

电源管理。电源管理的目的是节约电能，保证计算机正常工作。具有电源管理功能的主板比普通主板的性能更好。

BIOS 性能。现在大多数主板的 BIOS 芯片采用了 Flash ROM，其是否方便升级及是否具有较好的防病毒功能是主板的重要性能指标之一。

多显卡技术。主板中并不是显卡越多，显示性能就越好，还需要主板支持多显卡技术，现在的多显卡技术包括 NVIDIA 的多路 SLI 技术和 ATI 的 CrossFire 技术。

3.5.6 选购注意事项

主板的性能关系着整台计算机能否稳定地工作，主板在计算机中的作用相当重要，因此，对主板的选购绝不能马虎。选购时，需要注意以下事项。

1. 考虑用途

选购主板的第一步应该是根据需求进行选择，但要注意主板的扩充性和稳定性，如游戏爱好者、图形图像设计人员可选择价格较高的高性能主板；如果计算机主要用于文档编辑、编程设计、上网、打字、看电影等，则可选购性价比较高的中低端主板。

2．注意扩展性

由于不需要升级主板，所以应把扩展性作为首要考虑的问题。扩展性也就是通常所说的给计算机升级或增加部件，如增加内存或电视卡、更换速度更快的 CPU 等，这就需要主板有足够多的扩展插槽。

3．对比性能指标

主板的性能指标非常容易获得。在选购时，可以在同样的价位下对比不同主板的性能指标，或在同样的性能指标下对比不同价位的主板，从而获得性价比较高的产品。

4．鉴别真伪

现在的假冒电子产品很多，下面介绍一些鉴别假冒主板的方法。

芯片。正品主板的芯片上的标识清晰、整齐、印刷规范，而假冒的主板一般由旧货打磨而成，上面的字体模糊，甚至有歪斜现象。

电容器。正品主板为了保证产品质量，一般采用名牌的大容量电容器，而假冒主板采用的是杂牌的小容量电容器。

产品标识。主板上的产品标识一般粘贴在 PCI 插槽上，正品主板的产品标识印刷清晰，会有厂商名称的缩写和序列号等，而假冒主板的产品标识印刷非常模糊。

输入/输出接口。每个主板都有输入/输出（I/O）接口，正品主板的接口上一般可看到提供接口的厂商名称，假冒的主板则没有。

布线。正品主板上的布线都经过专门设计，一般比较均匀美观，不会出现一个地方密集、另一个地方稀疏的情况，而假冒的主板则布线凌乱。

焊接工艺。正品主板焊接到位，不会有虚焊或焊点过于饱满的情况，并且贴片电容是机械化自动焊接的，比较整齐。而假冒的主板会出现焊接不到位、贴片电容排列不整齐等情况。

5．选购主流品牌

主板的品牌很多，按照市场上的认可度，通常分为两种类别：

一类品牌。一类品牌主要包括华硕（ASUS）、微星（MSI）、技嘉（GIGABYTE）和七彩虹（COLORFUL），它们的特点是研发能力强，推出新品速度快，产品线齐全，高端产品过硬，市场认可度较高。在主板市场中，这 4 个品牌的市场占有率加起来就达到了 70%左右。

二类品牌。二类品牌主要包括映泰（BIOSTAR）、华擎（ASROCK）、昂达（ONDA）、影驰（GALAXY）和梅捷（SOYO）等，它们的特点是在某些方面略逊于一类品牌，具备一定的制造能力，也有各自的特色，在保证稳定运行的前提下，价格较一类品牌低。这些品牌在主板市场中的占有率均不超过 5%。

任务四 认识内存

学习情境描述

内存（Memory）被称为主存或内存储器，其用于暂时存放 CPU 的运算数据，以及与硬盘等外部存储器交换的数据。内存的大小是决定计算机运行速度的重要因素之一。本任务将介绍内存的结构与类型、内存的主要性能参数及选购内存的方法。通过本任务的学习，可以全面了解内存，并学会如何选购内存。

学习目标

（1）了解内存的结构和工作原理。
（2）了解影响内存性能的主要因素。
（3）能熟练掌握内存的结构类型。
（4）能熟练掌握不同内存的性能对比。
（5）掌握选购内存的注意事项。

任务书

了解内存的常见结构，讨论不同结构内存的区别，对内存进行辨认、分类，讨论影响内存性能的因素。

任务分组

学生任务分配表

班级		组号		教师	
组长		学号			
组员		姓名	学号	姓名	学号
任务分工					

微机组装与维护

工作准备

（1）阅读任务书，仔细观察内存的结构，根据特点进行讨论并分类，填写记录。

（2）上网收集内存的发展史，讨论内存的工作原理、区分结构的方法，并根据自己的感受，说出不同结构的内存之间的优缺点。

（3）结合任务书分析本节课的难点和常见问题。

工作实施

引导问题1：内存的作用是什么？

_____
_____
_____

引导问题2：内存的主要性能参数有哪些？

_____
_____
_____

引导问题3：内存的常见品牌有哪些？

_____
_____
_____

引导问题4：内存的工作原理是什么？

_____
_____
_____

引导问题5：如何区分内存的类型？

_____
_____
_____

引导问题6：选购内存时的注意事项有哪些？

_____
_____
_____

💡 **小提示**

提到计算机的结构,就不能不提冯·诺依曼结构,从早期的计算机到现在最先进的超级计算机,都没有摆脱冯·诺依曼体系的束缚。其中,冯·诺依曼体系中明确提到计算机要拥有存储器,所以直到现在,内存和硬盘仍然在计算机中占有非常重要的地位。

与大容量的硬盘不同,内存在存储设备中算是比较特殊的一员。现在的内存在存取速度上有着非常惊人的表现,但是断电后又不能保存存入的信息。所以,在计算机硬件发展的过程中,内存一直扮演着中转站的角色。当处理器、显卡甚至主板都在市场上大放异彩时,内存却默默履行着自己的职责。

相比于处理器及其接口的变革,内存的变化的确相对较少,至少内存从来没有偏离我们印象中的样子。在内存标准趋于稳定的现在,很难在内存上找到过多的亮点,但是它又是那么的有用。随着频率的提升,内存已经摆脱了性能瓶颈的骂名。对于主板来说,很少能够看到内存部分有多少变化,不过内存仍然与其他硬件一样,默默地奉献着自己的所有,或许这才是内存最难能可贵的精神。

📊 **评价反馈**

学生进行自评,评价自己是否能完成本节课的学习,有无任务遗漏。教师对学生进行的评价内容包括:报告书写是否工整规范、内容数据是否真实合理、是否起到了实训的作用。

(1)学生进行自我评价,并将结果填入学生自测表中。

学生自测表

班级:	姓名:	学号:	
学习情境	内存		
评价项目	评价标准	分值	得分
内存的作用	能正确理解内存的作用和意义	10	
内存的结构	能正确认知不同结构内存之间的区别	10	
内存的品牌	能正确认知内存的常见品牌	10	
内存的类型	能正确分辨不同类型的内存	15	
内存的主要参数	能正确认知内存的主要性能参数	10	
内存的选购	能合理选购内存	10	
工作态度	态度端正,无无故缺勤、迟到、早退现象	5	
工作质量	能按计划完成工作任务	10	
协调能力	与小组成员、同学之间能合作交流,协调工作	5	
职业素养	能做到爱护公物,文明操作	10	
创新意识	通过查阅资料,能更好地理解本节课的内容	5	
合计		100	

（2）学生以小组为单位，对以上学习情境的过程与结果进行互评，将互评结果填入学生互评表。

学生互评表

学习情境		内存										
评价项目	分值	等级							评价对象（组别）			
									1	2	3	4	5	6
计划合理	8	优	8	良	7	中	6	差	4						
方案准确	8	优	8	良	7	中	6	差	4						
团队合作	8	优	8	良	7	中	6	差	4						
组织有序	8	优	8	良	7	中	6	差	4						
工作质量	8	优	8	良	7	中	6	差	4						
工作效率	8	优	8	良	7	中	6	差	4						
工作完整	10	优	10	良	8	中	5	差	2						
工作规范	16	优	16	良	12	中	10	差	5						
识读报告	16	优	16	良	12	中	10	差	5						
成果展示	10	优	10	良	8	中	5	差	2						
合计	100												

（3）教师对学生工作过程与工作结果进行评价，并将评价结果填入教师综合评价表中。

教师综合评价表

班级：　　　　　　　　姓名：　　　　　　　　学号：

学习情境		内存		
评价项目		评价标准	分值	得分
考勤		无无故迟到、旷课、早退现象	10	
工作过程	内存的作用	能正确理解内存的作用和意义	10	
	内存的结构	能正确认知不同结构内存之间的区别	10	
	内存的品牌	能正确认知内存的常见品牌	10	
	内存的类型	能正确分辨不同类型的内存	15	
	内存的主要参数	能正确认知内存的主要性能参数	10	
	内存的选购	能合理选购内存	10	

任务四　认识内存

续表

学习情境		内存		
评价项目		评价标准	分值	得分
项目成果	工作完整	能按时完成任务	5	
	工作规范	能按要求完成任务	5	
	成果展示	能准确表达、汇报工作成果	15	
合计			100	

班级：　　　　　　　姓名：　　　　　　　学号：

拓展思考题

（1）DDR3 类型内存和 DDR4 类型内存的区别是什么？

（2）什么是内存套装？

学习情境的相关知识点

4.1　内存的概念和作用

4.1.1　存储器的概念

在计算机的硬件组成结构中，存储器是用来存放程序和数据的设备。计算机中的全部信息，包括输入的原始数据、计算机程序、中间运行结果和最终运行结果都保存在存储器中，它根据控制器指定的位置存入和取出信息。对于计算机来说，有了存储器，才有记忆功能，才能保证正常工作。

4.1.2　内存的作用

存储器的种类很多，按其用途可分为主存储器和辅助存储器。主存储器又称为内部存储器（简称内存），辅助存储器又称为外部存储器（简称外存）。内存是主板上的存储部件，用来存放当前正在执行的数据和程序，但仅用于暂时存放程序和数据，关闭电源或断电，数据就会丢失。外存通常是磁性介质或光盘（如硬盘、U盘、CD等），能够长期保存信息。在计算机的存储系统中，内存直接决定CPU的工作效率，它是CPU与其他部件进行数据传输的纽带。内存是计算机中仅次于CPU的重要部件，内存的容量及性能是影响计算机性能的主要因素之一。因此，要配置和维护计算机，就要了解和掌握内存的基本知识。

4.1.3 内存的工作原理

CPU工作时，需要从硬盘等外部存储器上读取数据，但由于硬盘这个"仓库"太大，加上离CPU也很"远"，运输"原料"数据的速度就比较慢，这会使CPU的工作效率降低。为了解决这个问题，在CPU与外部存储器之间建了一个"小仓库"，即内存。内存虽然容量不大，一般只有几百兆字节（MB）到几吉字节（GB），但数据读取速度非常快。当CPU需要数据时，可以先将部分数据存放在内存中，这样提高了CPU的工作效率，同时也减轻了硬盘的负担。由于内存只是一个"中转仓库"，因此它并不能用来长时间存储数据，掉电后，内存中的所有数据都会丢失。

4.2 内存的物理结构

内存主要由芯片、散热片、金手指、卡槽和缺口等组成，物理结构如图4-1所示。

芯片和散热片。芯片用来临时存储数据，是内存最重要的部件；散热片安装在芯片外面，帮助维持内存工作温度，提高工作性能。

金手指。它是连接内存与主板的"桥梁"。目前很多DDR4内存的金手指采用曲线设计，接触更稳定，拔插更方便。

卡槽。卡槽与主板上内存插槽中的塑料夹角相配合，将内存固定在内存插槽中。

图4-1 内存的物理结构

缺口。缺口与内存插槽中的防凸起设计配对，防止内存插反。

4.3 内存类型的区分

DDR是Double Data Rate的缩写，即双倍速率；DDR SDRAM是双倍速率同步动态随机存储器的意思。DDR内存是目前主流的计算机存储器，现在市面上有DDR2、DDR3和DDR4这3种类型。

DDR2内存。DDR是现在主流的内存规范，各大芯片组厂商的主流产品都能使用它。DDR2内存其实是DDR内存的第二代产品，与第一代DDR内存相比，DDR2内存拥有2倍以上的内存预读取能力，达到了4 bit预读取。DDR2内存能够在100 MHz的发信频率的基础上提供每插脚最少 400 MB/s 的带宽，而且其接口将运行于 1.8 V 电压上，从而进一步降低发热量，以便提高频率。目前 DDR2 内存已经逐渐被淘汰，二手计算机和笔记本电脑还在使用 DDR2 内存。图 4-1 所示为 DDR2 内存。

  DDR3 内存。DDR3 内存比 DDR2 内存有更低的工作电压，且性能更好，更加省电。从 DDR2 内存的 4 bit 预读取升级为 8 bit 预读取，DDR3 内存采用了 0.08 μm 制造工艺制造，其核心工作电压从 DDR2 内存的 1.8 V 降至 1.5 V。相关数据显示，DDR3 内存比 DDR2 内存节省 30% 的功耗，目前多数家用计算机使用 DDR3 内存。图 4-2 所示为 DDR3 内存。

  DDR4 内存。DDR4 内存是目前最新一代的内存类型，如图 4-3 所示。相比 DDR3 内存，其性能表现为 16 bit 预读取（DDR3 内存为 8 bit），在同样内核频率下，理论速度是 DDR3 内存的 2 倍，有更可靠的传输规范，数据可靠性进一步提升；工作电压降为 1.2 V，更节能。

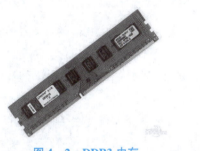

图 4-2 DDR3 内存

图 4-3 DDR4 内存

4.4 内存的主要性能参数

  内存的基本参数主要是指内存的类型、容量、频率、工作电压等。

  类型。内存主要按照其工作性能进行分类，目前主流的内存是 DDR4。

  容量。容量是选购内存时优先考虑的性能指标，因为它代表了内存存储数据的多少，通常以 GB 为单位。单条内存容量越大越好。目前市面上主流的内存容量分为单条（容量为 2 GB、4 GB、8 GB、16 GB）和套装（容量为 2×4 GB、4×4 GB、2×8 GB、4×8 GB、2×16 GB、4×16 GB）两种。

  频率。频率是指内存的主频，也可以称为工作频率。和 CPU 主频一样，频率通常被用来表示内存的速度，它代表该内存所能达到的最高工作频率。内存主频越高，在一定程度上代表内存所能达到的速度越快。DDR3 内存主频有 1 333 MHz 及以下、1 600 MHz、1 866 MHz、2 133 MHz、2 400 MHz、2 666 MHz、2 800 MHz 和 3 000 MHz 等几种；DDR4 内存主频有 2 133 MHz、2 400 MHz、2 666 MHz、2 800 MHz、3 000 MHz、3 200 MHz、3 400 MHz、3 600 MHz 和 4 000 MHz 及以上等几种。

  工作电压。内存的工作电压是指内存正常工作所需的电压值，不同类型内存的工作电压不同，DDR3 内存的工作电压一般在 1.5 V 左右，DDR4 内存的工作电压一般在 1.2 V 左右。电压越低，消耗的电能越少，也就更符合目前节能减排的要求。

CL 值。列地址控制器延迟（CAS Latency，CL）是指从读命令有效（在时钟上升沿发出）开始，到输出端可提供数据为止的这一段时间。普通用户不必太过在意 CL 值，只需要了解在同等工作频率下，CL 值低的内存更具有速度优势。

散热片。目前主流的 DDR4 内存通常都带有散热片，其作用是降低内存的工作温度，提升内存的性能，改善计算机散热环境，相对延长内存寿命。

灯条。灯条是在内存散热片里加入的 LED 灯效。目前主流的内存灯条是 RGB 灯条，每隔一段距离就放置一个具备 RGB 三原色发光功能的 LED 灯珠，然后通过芯片控制 LED 灯珠即可实现不同颜色的光效，如流水光、彩虹光等。具备灯条的内存不仅美观性大幅提升，而且性能会更好。

4.5 内存的选购

在选购内存时，除了需要考虑内存的性能指标外，还需要从其他硬件支持和辨识真伪两方面来综合考虑。内存的类型很多，不同类型主板支持不同类型的内存，因此，在选购内存时，需要考虑主板支持的内存类型。另外，CPU 的支持对内存也很重要，如在组建多通道内存时，一定要选购支持多通道技术的主板和 CPU。

用户在选购内存时，需要结合各种方法来辨别真伪，避免购买到"水货"和"返修货"。

网上验证。可以到内存官方网站验证真伪，也可以通过官方微信公众号验证内存真伪。

售后。许多名牌内存都为用户提供一年包换、三年保修的售后服务，有的甚至会给出终生包换的承诺。购买售后服务好的产品，可以增强产品的质量保证。

价格。在购买内存时，价格也非常重要，一定要货比三家，并选择价格较低的，但当价格过于低廉时，就应注意其是否是伪劣产品。

任务五 认识显卡

学习情境描述

显卡一般是一块独立的电路板,其插在主板上,接收由主机发出的控制显示系统工作的指令和显示内容的数字信号,然后通过输出模拟信号或数字信号控制显示器显示各种字符和图形,它和显示器构成了计算机系统的图像显示系统。本任务将介绍显卡的外观与结构、其主要性能参数,以及选购显卡的方法。

学习目标

(1) 了解显卡的结构和工作原理。
(2) 了解影响显卡性能的主要因素。
(3) 能熟练掌握显卡的接口类型。
(4) 能熟练掌握不同显卡的性能对比。
(5) 掌握选购显卡的注意事项。

任务书

了解显卡的常见结构,讨论不同结构显卡的区别,对显卡进行辨认、分类,讨论影响显卡性能的因素。

任务分组

学生任务分配表

班级		组号		教师	
组长		学号			
组员		姓名	学号	姓名	学号
任务分工					

工作准备

（1）阅读任务书，仔细观察显卡的结构，根据特点进行讨论并分类，填写记录。

（2）上网收集显卡的发展史，讨论显卡的工作原理、区分结构的方法，并根据自己的感受，说出不同结构的显卡之间的优缺点。

（3）结合任务书分析本节课的难点和常见问题。

工作实施

引导问题1：显卡的作用是什么？

_____
_____
_____

引导问题2：显卡的分类有哪些？

_____
_____
_____

引导问题3：显卡的接口类型有哪些？

_____
_____
_____

引导问题4：影响显卡性能的主要因素有哪些？

_____
_____
_____

引导问题5：显卡的命名方式是什么？

_____
_____
_____

引导问题6：选购显卡时的注意事项有哪些？

_____
_____
_____

📊 评价反馈

学生进行自评,评价自己是否能完成本节课的学习,有无任务遗漏。教师对学生进行的评价内容包括:报告书写是否工整规范、内容数据是否真实合理、是否起到了实训的作用。

(1) 学生进行自我评价,并将结果填入学生自测表中。

学生自测表

班级:		姓名:	学号:	
学习情境		显卡		
评价项目		评价标准	分值	得分
显卡的作用		能正确理解显卡的作用和意义	10	
显卡的分类		能正确认知不同结构显卡之间的区别	10	
显卡的接口		能正确认知显卡的不同接口	10	
显卡的主要参数		能正确认知影响显卡性能的因素	15	
显卡的命名		能正确认知显卡的命名方式	10	
显卡的选购		能合理选购显卡	10	
工作态度		态度端正,无无故缺勤、迟到、早退现象	5	
工作质量		能按计划完成工作任务	10	
协调能力		与小组成员、同学之间能合作交流,协调工作	5	
职业素养		能做到爱护公物,文明操作	10	
创新意识		通过查阅资料,能更好地理解本节课的内容	5	
合计			100	

(2) 学生以小组为单位,对以上学习情境的过程与结果进行互评,将互评结果填入学生互评表。

学生互评表

学习情境		显卡										
评价项目	分值	等级							评价对象(组别)				
									1	2	3	4	5	6
计划合理	8	优	8	良	7	中	6	差	4						
方案准确	8	优	8	良	7	中	6	差	4						
团队合作	8	优	8	良	7	中	6	差	4						

续表

学习情境		显卡											
评价项目	分值	等级							评价对象（组别）				
									1	2	3	4	5	6
组织有序	8	优	8	良	7	中	6	差	4					
工作质量	8	优	8	良	7	中	6	差	4					
工作效率	8	优	8	良	7	中	6	差	4					
工作完整	10	优	10	良	8	中	5	差	2					
工作规范	16	优	16	良	12	中	10	差	5					
识读报告	16	优	16	良	12	中	10	差	5					
成果展示	10	优	10	良	8	中	5	差	2					
合计	100													

（3）教师对学生工作过程与工作结果进行评价，并将评价结果填入教师综合评价表中。

教师综合评价表

班级：　　　　　　姓名：　　　　　　学号：

学习情境			显卡		
评价项目			评价标准	分值	得分
考勤			无无故迟到、旷课、早退现象	10	
工作过程		显卡的作用	能正确理解显卡的作用和意义	10	
		显卡的分类	能正确认知不同结构显卡之间的区别	10	
		显卡的接口	能正确认知显卡的不同接口	10	
		显卡的主要参数	能正确认知影响显卡性能的因素	15	
		显卡的命名	能正确认知显卡的命名方式	10	
		显卡的选购	能合理选购显卡	10	
项目成果		工作完整	能按时完成任务	5	
		工作规范	能按要求完成任务	5	
		成果展示	能准确表达、汇报工作成果	15	
合计				100	

🎓 **拓展思考题**

（5）Type-C 接口的应用领域有哪些？

_____

_____

（6）显卡芯片的两大厂商是什么？分析其优缺点。

_____

_____

✈ **学习情境的相关知识点**

5.1 显卡的概念和作用

从外观上看，显卡主要由显示芯片（GPU）、显存、金手指、DVI、HDMI、DP 接口和外接电源接口等几部分组成，如图 5-1 所示。

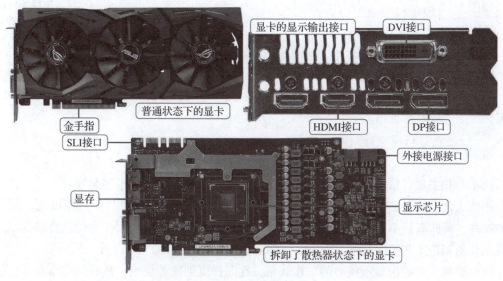

图 5-1 显卡结构

显示芯片。它是显卡最重要的部分，其主要作用是处理软件指令，让显卡能实现某些特定的绘图功能，它直接决定了显卡的好坏。由于显示芯片发热量大，因此，往往会在其上面覆盖散热器进行散热。

显存。它是显卡用来临时存储显示数据的部件，其容量与存取速度对显卡的整体性能有着举足轻重的影响，而且将直接影响显示的分辨率和色彩位数，其容量越大，所能显示的分辨率及色彩位数越高。

金手指。它是连接显卡和主板的通道，不同结构的金手指代表不同的主板接口，目前主流的显卡金手指为 PCI – E 接口类型。

DVI（Digital Visual Interface）接口。它可将显卡中的数字信号直接传输到显示器，使显示出来的图像更加真实自然。

HDMI（High Definition Multimedia Interface）。高清晰度多媒体接口，它可以提供高达 5 Gb/s 的数据传输带宽，传送无压缩音频信号及高分辨率视频信号，也是目前使用最多的视频接口。

DP（Display Port）接口。它也是一种高清数字显示接口，可以连接计算机和显示器，也可以连接计算机和家庭影院。它是作为 HDMI 的竞争对手和 DVI 的潜在继任者被开发出来的。DP 接口可提供的带宽高达 10.8 Gb/s，充足的带宽满足了大尺寸显示设备对更高分辨率的需求，目前大多数中高端显卡都配备了 DP 接口。

Type – C 接口。Type – C 接口是显卡中一种面向未来的 VR 接口，该接口可以连接一根 Type – C 线缆，传输 VR 眼镜需要的所有数据，包括高清的音频视频；也可以连接显示器中的 Type – C 接口，传输视频数据。

外接电源接口。显卡通常通过 PCI – E 接口由主板供电，但现在很多显卡的功耗都较大，所以需要外接电源独立供电。这时就需要在主板上设置外接电源接口，其通常是 8 针或 6 针，如图 5 – 2 所示。

图 5 – 2　外接电源接口

5.2　影响显卡性能的主要因素

显卡的性能通常由显示芯片、显存规格、散热方式、多 GPU 技术和流处理器等因素决定。

5.2.1　显示芯片

显示芯片主要包括制造工艺、核心频率、芯片厂商和芯片型号 4 种参数。

制造工艺。显示芯片的制造工艺与 CPU 的一样，也是用来衡量其加工精度的。制造工艺的提高，意味着显示芯片体积将更小、集成度更高、性能更加强大，功耗也将降低。现在主流芯片的制造工艺为 28 nm、16 nm、14 nm、12 nm 和 7 nm。

核心频率。它是指显示核心的工作频率，在同样级别的芯片中，核心频率高的，性能较强。但显卡的性能由核心频率、显存、像素管线和像素填充率等多方面的因素决定，因此，在芯片不同的情况下，核心频率高并不代表此显卡性能强。

芯片厂商。显示芯片主要有 NVIDIA 和 AMD 两个厂商。

芯片型号。不同芯片型号适用的范围是不同的。

5.2.2　显存规格

显存是显卡的核心部件之一，它的优劣和容量大小直接关系到显卡的最终性能。如果说显示芯片决定了显卡所能提供的功能和基本性能，那么，显卡性能的发挥很大程度上取决于显存，因为无论显示芯片的性能如何出众，其性能最终都要通过配套的显存来发挥。显存规格主要包括显存频率、显存容量、显存位宽、显存速度、最大分辨率和显存类型等参数。

显存频率。它是指默认情况下，该显存在显卡上工作时的频率，以 MHz（兆赫兹）为单位。显存频率一定程度上反映了该显存的速度，其随着显存的类型和性能的不同而不同，在同样类型下，显存频率越高，显卡性能越强。

显存容量。从理论上讲，显存容量决定了显示芯片处理的数据量。显存容量越大，显卡性能越好。目前市场上显卡的显存容量从 1 GB 到 24 GB 不等。

显存位宽。通常情况下，把显存位宽理解为数据进出通道的大小。在运行频率和显存容量相同的情况下，显存位宽越大，数据的吞吐量越大，显卡的性能越好。目前市场上显卡的显存位宽从 64 bit 到 4 096 bit 不等。

显存速度。显存的时钟周期就是显存时钟脉冲的重复周期，它是衡量显存速度的重要指标。显存速度越快，单位时间交换的数据量越大，在同等情况下，显卡性能也就越强。显存频率与显存时钟周期之间为倒数关系（也可以说显存频率与显存速度之间为倒数关系），显存时钟周期越小，显存频率越高，显存的速度越快，展示出来的显卡性能也就越好。

最大分辨率。最大分辨率表示显卡输出给显示器，并能在显示器上描绘像素的数量。分辨率越大，所能显示图像的像素就越多，并且能显示更多的细节，图像也就越清晰。最大分辨率在一定程度上与显存有直接关系，因为这些像素的数据最初都要存储于显存内，因此，显存容量会影响到最大分辨率。现在显卡的最大分辨率有 2 560 px × 1 600 px、3 840 px × 2 160 px、4 096 px × 2 160 px 和 7 680 px × 4 320 px 等。

显存类型。显存类型也是影响显卡性能的重要参数之一，目前市面上的显存主要有 HBM 和 GDDR 两种。GDDR 显存在很长一段时间内是市场的主流类型，从过去的 GDDR1 一直到现在的 GDDR5 和 GDDR5X。HBM 显存是新一代的显存，用来替代 GDDR，它采用堆叠技术，减小了显存的体积，增加了位宽，其单颗粒的位宽是 1 024 bit，是 GDDR5 的 32 倍。在同等容量的情况下，HBM 显存性能比 GDDR5 提升 65%，功耗降低 40%。HBM2 显存的性能可在原来的基础上翻一倍。

5.2.3 散热方式

随着显卡核心工作频率与显存工作频率的不断提升，显卡芯片和显存的发热量也在增加，所以显卡都需要进行必要的散热。因此，具有优秀的散热方式也是选购显卡的重要指标之一。

主动式散热。这种方式是在散热片上安装散热风扇，也是显卡的主要散热方式。目前大多数显卡采用这种散热方式。

水冷式散热。这种方式的散热效果好，没有噪声，但由于散热部件较多，需要占用较大的机箱空间，所以成本较高。

5.2.4 多 GPU 技术

在显卡技术发展到一定水平的情况下，利用多 GPU 技术，可以在单位时间内提升显卡的性能。所谓的多 GPU 技术，就是联合使用多个 GPU 核心的运算力，得到高于单个 GPU 的性能，提升计算机的显示性能。NVIDIA 的多 GPU 技术叫作 SLI，AMD 的多 GPU 技术叫作 CF。

可升级连接接口。可升级连接接口（Scalable Link Interface，SLI）是 NVIDIA 公司的专利技术，它通过一种特殊的接口连接方式（称为 SLI 桥接器或者显卡连接器），在块支持 SLI 技术的主板上，同时连接并使用多块显卡，提升计算机的图形处理能力。

交叉火力。交叉火力（Cross Fire，CF）简称交火，是 AMD 公司的多 GPU 技术。它通过 CF 桥接器让多张显卡同时在一台计算机上连接使用，以增加运算效能。

Hybrid SLI/CF。它是通常所说的混合交火技术，即利用处理器显卡和普通显卡进行交火，从而提升计算机的显示性能，最高可以将计算机的图形处理能力提高 150% 左右。相比 SLI/CF，中低端显卡用户可以通过混合交火技术带来性价比的提升和使用成本的降低；高端显卡用户则可以在一些特定的模式下，通过混合交火技术支持的独立显示芯片休眠功能来降低显卡的功耗，节约能源。

SLI/CF 桥接器。这是用多张一样的显卡组建 SLI/CF 系统所使用的一个连接装备，通过这个桥接器，连接在一起的多张显卡的数据可以直接进行相互传输。

5.2.5 流处理器

流处理器（Stream Processor，SP）对显卡性能有决定性作用，可以说高、中、低端的显卡除了核心不同外，最主要的差别就在于流处理器数量，流处理器越多，显卡的图形处理能力越强，一般成正比关系。流处理器很重要，但 NVIDIA 和 AMD 同样级别显卡的流处理器数量却相差巨大，这是因为这两种显卡使用的流处理器种类不一样。

AMD。AMD 公司的显卡使用的是超标量流处理器，其特点是浮点运算能力强。表现在图形处理上，则是偏重于图像的画面和画质。

NVIDIA。NVIDIA 公司的显卡使用的是矢量流处理器，其特点是每个流处理器都具有完整的算术逻辑单元（Arithmetic and Logic Unit，ALU）功能。表现在图形处理上，则是偏重于处理速度。

NVIDIA 和 AMD 的区别。NVIDIA 显卡的流处理器图形处理速度快，AMD 显卡的流处理器图形处理画面好。NVIDIA 显卡的一个矢量流处理器可以完成 AMD 显卡 5 个超标量流处理器的工作任务，也就是 1 : 5 的换算关系。如果某 AMD 显卡的流处理器为 480 个，则其性能相当于只有 96 个流处理器的 NVIDIA 显卡。

5.3 显卡的选购

在组装计算机时选购显卡的用户，通常都对计算机的显示性能和图形处理能力有较高的要求，所以，在选购显卡时，一定要注意以下几个方面的问题。

选料。如果显卡的选料上乘，做工优良，那么这块显卡的性能就较好，但价格相对也较高；如果一款显卡的价格低于同档次的其他显卡，那么这块显卡的做工可能就稍次。

做工。一款性能优良的显卡，其 PCB 板、线路和各种元件的分布也比较规范，层数多的 PCB 板可以增加走线的灵活性，减少信号干扰。

布线。为使显卡正常工作，显卡内通常密布着许多电子线路，用户可以直观地看到这些线路。正规厂家的显卡布局清晰、整齐，各个线路间都保持了比较固定的距离，各种元件也非常齐全，而低端显卡上则常会出现空白的区域。

包装。一块通过正规渠道进货的新显卡，包装盒上的封条一般都是完整的，而且显卡上有中文的产品标记，以及生产厂商的名称、产品型号和规格等信息。

品牌。大品牌的显卡做工精良，售后服务也好，定位于高、中、低不同市场的产品也多，方便用户选购。市场上的主流显卡品牌包括七彩虹、影驰、索泰、微星、XFX 讯景、华硕、蓝宝石、技嘉、迪兰和耕升等。

任务六

认识硬盘及周边设备

📋 学习情境描述

硬盘是计算机硬件系统中最重要的数据存储设备，具有存储空间大、数据传输速度较快、安全系数较高等优点，因此，计算机运行必需的操作系统、应用程序、大量的数据等都保存在硬盘中。本任务将介绍机械硬盘的外观与内部结构、其主要性能参数及选购机械硬盘的方法。

📍 学习目标

（1）了解硬盘的结构和分类。
（2）了解影响硬盘性能的主要因素。
（3）能熟练掌握机箱、电源的结构类型。
（4）了解计算机的外部设备。
（5）掌握选购硬盘及周边设备的注意事项。

📄 任务书

了解硬盘及周边设备的常见结构，讨论不同结构硬盘的区别，对外部设备进行辨认、分类，讨论影响硬盘性能的因素。

👥 任务分组

学生任务分配表

班级		组号		教师	
组长		学号			
组员		姓名	学号	姓名	学号
任务分工					

任务六　认识硬盘及周边设备

工作准备

(1) 阅读任务书，仔细观察硬盘的结构，根据特点进行讨论并分类，填写记录。

(2) 上网收集硬盘的发展史，讨论硬盘的工作原理、区分结构的方法，并根据自己的感受，说出不同结构的硬盘之间的优缺点。

(3) 结合任务书分析本节课的难点和常见问题。

工作实施

引导问题1：硬盘的作用是什么？

_____
_____
_____

引导问题2：硬盘的分类有哪些？

_____
_____
_____

引导问题3：硬盘的接口类型有哪些？

_____
_____
_____

引导问题4：硬盘的常见品牌有哪些？

_____
_____
_____

引导问题5：台式机电源的类型有哪些？

_____
_____
_____

引导问题6：台式机机箱的类型有哪些？

_____
_____
_____
_____

引导问题 7：显示器的类型有哪些？
_____
_____
_____

引导问题 8：常见的输入设备有哪些？
_____
_____
_____

引导问题 9：打印机的类型有哪些？
_____
_____
_____

引导问题 10：硬盘选购的注意事项有哪些？
_____
_____
_____

评价反馈

学生进行自评，评价自己是否能完成本节课的学习，有无任务遗漏。教师对学生进行的评价内容包括：报告书写是否工整规范、内容数据是否真实合理、是否起到了实训的作用。

（1）学生进行自我评价，并将结果填入学生自测表中。

学生自测表

班级：	姓名：	学号：	
学习情境	硬盘及周边设备		
评价项目	评价标准	分值	得分
硬盘的作用	能正确理解硬盘的作用和意义	10	
硬盘的分类	能正确认知不同结构硬盘之间的区别	10	
硬盘的接口类型	能正确认知硬盘的接口类型	10	
硬盘的常见品牌	能正确分辨硬盘的常见品牌	10	
台式机电源的类型	能正确认知台式机电源的类型	10	
台式机机箱的类型	能正确认知台式机机箱的类型	10	
显示器的类型	能正确认知显示器的类型	5	

续表

班级：		姓名：	学号：	
学习情境		硬盘及周边设备		
评价项目		评价标准	分值	得分
外部设备		能正确认知外部设备的类型	5	
硬盘的选购		能了解硬盘及周边设备的选购方法	5	
工作态度		态度端正，无无故缺勤、迟到、早退现象	5	
工作质量		能按计划完成工作任务	5	
协调能力		与小组成员、同学之间能合作交流，协调工作	5	
职业素养		能做到爱护公物，文明操作	5	
创新意识		通过查阅资料，能更好地理解本节课的内容	5	
		合计	100	

（2）学生以小组为单位，对以上学习情境的过程与结果进行互评，将互评结果填入学生互评表。

学生互评表

学习情境								硬盘及周边设备					
评价项目	分值			等级						评价对象（组别）			
								1	2	3	4	5	6
计划合理	8	优	8	良	7	中	6	差	4				
方案准确	8	优	8	良	7	中	6	差	4				
团队合作	8	优	8	良	7	中	6	差	4				
组织有序	8	优	8	良	7	中	6	差	4				
工作质量	8	优	8	良	7	中	6	差	4				
工作效率	8	优	8	良	7	中	6	差	4				
工作完整	10	优	10	良	8	中	5	差	2				
工作规范	16	优	16	良	12	中	10	差	5				
识读报告	16	优	16	良	12	中	10	差	5				
成果展示	10	优	10	良	8	中	5	差	2				
合计	100												

（3）教师对学生工作过程与工作结果进行评价，并将评价结果填入教师综合评价表中。

教师综合评价表

班级：		姓名：	学号：	
学习情境		硬盘及周边设备		
评价项目		评价标准	分值	得分
考勤		无无故迟到、旷课、早退现象	10	
工作过程	硬盘的作用	能正确理解硬盘的作用和意义	5	
	硬盘的分类	能正确认知不同结构硬盘之间的区别	10	
	硬盘的接口类型	能正确认知硬盘的接口类型	10	
	硬盘的常见品牌	能正确分辨硬盘的常见品牌	5	
	台式机电源的类型	能正确认知台式机电源的类型	5	
	台式机机箱的类型	能正确认知台式机机箱的类型	10	
	显示器的类型	能正确认知显示器的类型	5	
	外部设备	能正确认知外部设备的类型	10	
	硬盘的选购	能了解硬盘及周边设备的选购方法	5	
项目成果	工作完整	能按时完成任务	5	
	工作规范	能按要求完成任务	5	
	成果展示	能准确表达、汇报工作成果	15	
合计			100	

拓展思考题

(1) 不同的硬盘协议对硬盘有什么影响？

(2) 为什么硬盘实际容量要比标注容量少？

学习情境的相关知识点

6.1 硬盘的结构

6.1.1 机械硬盘

机械硬盘即传统普通硬盘，主要由盘片、磁头、传动臂、主轴电动机和外部接口5个部分组成，硬盘的外形就是一个矩形的盒子，分为内、外两个部分。

1. 外部结构

硬盘的外部结构较简单，其正面一般是一张记录了硬盘相关信息的铭牌，如图6－1所示。背面是促使硬盘工作的主控芯片和集成电路，如图6－2所示。硬盘背面靠近芯片一侧有硬盘的电源线接口和数据线接口，硬盘的电源线接口和数据线接口都是L形，通常长一点的是电源线接口，短一点的是数据线接口，数据线接口通过SATA数据线与主板SATA插槽连接。

图6－1 机械硬盘正面

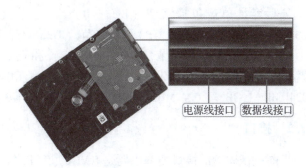

图6－2 机械硬盘背面

2. 内部结构

硬盘的内部结构比较复杂，主要由主轴电动机、盘片、磁头和传动臂等部件组成，如图6－3所示。在硬盘中，通常将磁性物质附着在盘片上，并将盘片安装在主轴电机上。当硬盘开始工作时，主轴电动机将带动盘片一起转动，附着在盘片表面的磁头将在电路和传动臂的控制下移动，并将指定位置的数据读取出来，或将数据存储到指定的位置。

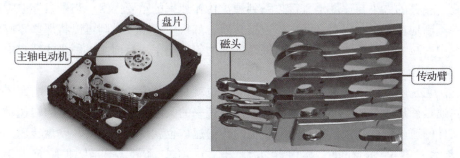

图6－3 机械硬盘内部结构

6.2 机械硬盘的主要参数

只有了解机械硬盘的各种性能指标,才会对机械硬盘有较深刻的认识,从而选购到满意的产品。

6.2.1 容量

容量是选购硬盘的主要性能指标之一,包括总容量、单碟容量、盘片数 3 项参数。

总容量。总容量是用于表示硬盘能够存储多少数据的一项重要指标,通常以 GB 和 TB 为单位,目前主流的硬盘容量从 250 GB 到 16 TB 不等。

单碟容量。单碟容量是指每张硬盘盘片的容量,硬盘的盘片数是有限的,增加单碟容量可以提升硬盘的数据传输速度,其记录密度与数据传输速率成正比,因此,单碟容量才是硬盘容量最重要的性能参数,目前最大的单碟容量为 1 200 GB。

盘片数。硬盘的盘片数一般为 1~10,在总容量相等的条件下,盘片数越少,硬盘的性能越好。

硬盘容量单位包括字节(Byte,B)、千字节(KiloByte,KB)、兆字节(MegaByte,MB)、吉字节(GigaByte,GB)、太字节(TeraByte,TB)、拍字节(PetaByte,PB)、艾字节(ExaByte,EB)、泽字节(ZettaByte,ZB)和尧字节(YottaByte,YB)等,它们之间的换算关系为 1 YB = 1 024 ZB、1 ZB = 1 024 EB、1 EB = 1 024 PB、1 PB = 1 024 TB、1 TB = 1 024 GB、1 GB = 1 024 MB、1 MB = 1 024 KB、1 KB = 1 024 B。

6.2.2 接口

目前机械硬盘的接口类型主要是 SATA(Serial ATA),即串行 ATA。SATA 接口提高了数据传输的可靠性,还具有结构简单、支持热插拔的优点。目前主要使用的 SATA 包含 2.0 和 3.0 两种标准接口,SATA 2.0 标准接口的数据传输速率可达到 300 MB/s,SATA 3.0 标准接口的数据传输速率可达到 600 MB/s。

6.2.3 传输速率

传输速率是衡量硬盘性能的重要指标之一,包括缓存、转速和接口速率 3 个参数。

缓存。缓存的大小与速度是直接关系到硬盘传输速率的重要因素。当硬盘存取零碎数据时,需要不断地在硬盘与内存之间进行数据交换,如果缓存较大,则可以将那些零碎数据暂存在缓存中,减小外系统的负荷,同时提高数据的传输速率。目前主流硬盘的缓存有 8 MB、16 MB、32 MB、64 MB、128 MB 和 256 MB。

转速。它是硬盘内电动机主轴的旋转速度,也就是硬盘盘片在 1 min 内所能完成的最大转数。转速是衡量硬盘档次和决定硬盘内部传输速率的关键因素之一。硬盘的转速越快,硬盘寻找文件的速度也就越快,相对地,硬盘的传输速率也就得到了提高。硬盘转速用每分钟多少转表示,单位为 r/min,其值越大越好。目前主流硬盘的转速有 5 400 r/min、5 900 r/min、7 200 r/min 和 10 000 r/min 这 4 种。

接口速率。接口速率是指硬盘接口读写数据的实际速率。SATA 2.0 标准接口的实际读写速率是 300 MB/s，带宽为 3 Gb/s；SATA 3.0 标准接口的实际读写速率是 600 MB/s，带宽为 6 Gb/s，这也是 SATA 3.0 标准接口性能更优越的原因。

6.3 机械硬盘的选购

选购机械硬盘时，除了各项性能指标外，还需要了解硬盘是否符合用户的需求，如硬盘的性价比、售后、品牌等。

性价比。硬盘的性价比可通过计算每款产品的"每吉字节的价格"得出衡量值，计算方法是用产品市场价格除以产品容量得出"每吉字节的价格"，值越小，性价比越高。

售后。硬盘中保存的都是相当重要的数据，因此，硬盘的售后服务特别重要。目前硬盘的质保期大多在 2~3 年，有些甚至长达 5 年。

品牌。市面上生产硬盘的厂家主要有希捷、西部数据、东芝和 HGST（日立）。

6.4 固态硬盘的结构

固态硬盘（Solid State Drives，SSD）是用固态电子存储芯片阵列制成的硬盘，区别于机械硬盘的机械部件，固态硬盘全部是由电子芯片及电路板组成的。

目前固态硬盘的外观主要有 3 种样式：

普通固态硬盘。这种固态硬盘比较常见，也是普通固态硬盘外观，其外面是一层保护壳，里面是安装了电子存储芯片阵列的电路板，后面是数据线接口和电源线接口，如图 6-4 所示。

M.2 接口固态硬盘。这种固态硬盘由直接在电路板上集成存储、控制和缓存的芯片及接口组成，如图 6-5 所示。

PCI-E 接口固态硬盘。这种固态硬盘的外观类似于显卡，接口也可以使用显卡的 PCI-E 接口，安装方式也与显卡相同，如图 6-6 所示。

  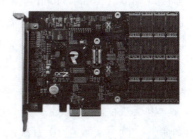

图 6-4　普通固态硬盘　　　图 6-5　M.2 接口固态硬盘　　　图 6-6　PCI-E 接口固态硬盘

固态硬盘的内部结构主要是指电路板上的结构，包括主控芯片、闪存颗粒和缓存单元，如图 6-7 所示。

主控芯片。主控芯片是整个固态硬盘的核心器件，其作用是合理调配数据在各个闪存芯片上的负荷，以及承担整个数据中转、连接闪存芯片和外部接口的任务。当前主流的主控芯

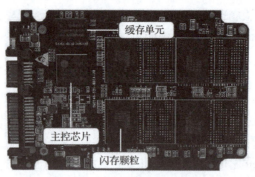

图 6-7 固态硬盘内部结构

片厂商有 Marvell（俗称"马牌"）、SandForce、Silicon Motion（慧荣）、Phison（群联）、JMicron（智微）等。

闪存颗粒。存储单元是硬盘的核心器件，而在固态硬盘中，闪存颗粒替代机械磁盘成了存储单元。

缓存单元。缓存单元的作用表现在常用文件的随机读写，以及碎片文件的快速读写上。缓存芯片的市场规模不算太大，主流的缓存品牌包括三星和金士顿等。

6.5 固态硬盘主要性能参数

只有了解固态硬盘的各种性能指标，才能对固态硬盘有较深刻的认识，从而选购到满意的产品。

6.5.1 闪存颗粒的构架

固态硬盘成本的 80% 集中在闪存颗粒上，它不仅决定了固态硬盘的使用寿命，而且对固态硬盘的性能影响也非常大，而决定闪存颗粒性能的就是闪存颗粒的构架。

固态硬盘中的闪存颗粒都是 NAND 闪存，因为 NAND 闪存具有非易失性内存主机控制器接口规范（Non-Volatile Memory Express，NVMe）的特性，即断电后仍能保存数据，因而被大范围运用。当前，主流的闪存颗粒厂商主要有 Toshiba（东芝）、Samsung（三星）、Intel、Micron（美光）、SK hynix（海力士）、SanDisk（闪迪）等。根据 NAND 闪存中电子单元密度的差异，将 NAND 闪存的构架分为 SLC、MLC 和 TLC 3 种，这 3 种闪存构架在寿命及造价上有明显的区别。

单层式存储（Single-Level Cell，SLC）。单层电子结构写入数据时，电压变化区间小，寿命长，读写次数在 10 万次以上，造价高，多用于企业级高端产品。

多层式存储（Multi-Level Cell，MLC）。MLC 是通过高低电压的不同而构建的双层电子结构，寿命长，造价可接受，多用于民用中高端产品，读写次数在 5 000 左右。

三层式存储（Trinary-Level Cell，TLC）。TLC 是 MLC 闪存的延伸，TLC 容量达到 3 bit/cell；存储密度最高，容量是 MLC 的 1.5 倍；造价成本低；使用寿命低；读写次数为 1 000~2 000 次。TLC 是当下主流厂商首选的闪存颗粒。

6.5.2 接口类型

固态硬盘的接口类型很多，目前市面上包括 SATA 3.0/2.0、M.2、Type-C、U.2、USB 3.1/3.0、PCI-E、SAS 和 PATA 等多种，普通家用计算机中最常用的是 SATA 3.0 和 M.2 两种。

SATA 3.0 接口。SATA 是硬盘接口的标准规范，SATA 3.0 接口和前面介绍的硬盘接口完全一样，这种接口的最大优势是非常成熟，能够发挥出主流固态硬盘的最大性能。

M.2 接口。M.2 接口的原名是 NGFF 接口，其是设计用来取代以前主流的 MSATA 接口的。不管是从小巧的规格尺寸来讲还是从传输性能来讲，这种接口都要比 MSATA 接口好很多。另外，M.2 接口的固态硬盘还支持 NVMe 标准，通过新的 NVMe 标准接入的固态硬盘，在性能方面提升得非常明显。M.2 SATA 接口能够同时支持 PCI-E 通道及 SATA 通道，因此，又分为 M.2 SATA 和 M.2 PCIe 两种类型。首先，从外观上来讲，M.2 PCIe 接口的金手指只有两个部分，而 M.2 SATA 接口的金手指有 3 个部分；其次，M.2 PCIe 接口的固态硬盘支持 PCI-E 通道，而 PCI-EX4 通道的理论带宽已经达到 32 Gb/s，远远超过了 M.2 SATA 接口；最后，同等容量的固态硬盘，由于 M.2 PCIe 接口的性能更高，所以其价格也相对较高。

Type-C 接口和 USB 3.1/3.0 接口。使用这 3 种接口的固态硬盘都被称为移动固态硬盘，可以通过主板外部接口中对应的接口连接计算机。

U.2 接口。U.2 接口其实是 SATA 接口的衍生类型，可以看作 4 通道的 SATA 接口。U.2 接口的固态硬盘支持 NVMe 标准，传输带宽理论上会达到 32 Gb/s。使用这种接口的固态硬盘需要主板上有专用的 U.2 插槽。

PCI-E 接口。这种接口对应主板上的 PCI-E 插槽，与显卡的 PCI-E 接口完全相同。PCI-E 接口的固态硬盘最开始主要是在企业级市场使用，因为它需要不同的主控，所以，在提升性能的基础上，成本也高了不少。在目前的市场上，PCI-E 接口的固态硬盘通常都是企业或高端用户使用。

基于 NVMe 标准的 PCI-E 接口。NVMe 标准是面向 PCI-E 接口的固态硬盘，使用原生 PCI-E 通道与 CPU 直连可以免去 SATA 与 SAS 接口的平台控制器（Platform Controller Hub, PCH）与 CPU 通信带来的延时。基于 NVMe 标准的 PCI-E 接口固态硬盘，其实就是将一块支持 NVMe 标准的 M.2 接口固态硬盘安装在支持 NVMe 标准的 PCI-E 接口的电路板上组成的。这种固态硬盘的 M.2 接口最高支持 PCI-E 2.04 总线，理论带宽可以达到 2 GB/s，远胜于 SATA 接口的 600 MB/s。如果主板上有 M.2 插槽，便可以将 M.2 接口的固态硬盘主体拆下直接插在主板上，不占用机箱其他内部空间，相当方便。

SAS 接口。SAS 和 SATA 都是采用串行技术的数据存储接口，采用 SAS 接口的固态硬盘支持双向全双工模式，性能超过 SATA 接口，但价格较高，产品定位于企业级。

PATA 接口。PATA 就是并行 ATA 硬盘接口规范，也就是通常所说的 IDE 接口，其定位于消费类和工控类，现在已经逐步淡出主流市场。

6.6 固态硬盘的选购

选购固态硬盘时，除了各项性能指标外，还需要了解固态硬盘的优缺点和主流品牌等。

6.6.1 固态硬盘的优点

固态硬盘相对于机械硬盘的优势主要体现在以下几个方面。

读写速度快。固态硬盘采用闪存作为存储介质，读取速度比机械硬盘更快。例如，最常见的 7 200 r/min 的机械硬盘的寻道时间一般为 12~14 ms，而固态硬盘可以轻易达到 0.1 ms 甚至更低。

防震抗摔。固态硬盘采用闪存作为存储介质，防震抗摔。

低功耗。固态硬盘的功耗要低于传统硬盘。

无噪声。固态硬盘没有机械电动机和风扇，工作时噪声值为 0 dB，并且具有发热量少、散热快等特点。

轻便。与常规机械硬盘相比，固态硬盘的质量小（20~30 g）。

6.6.2 固态硬盘的缺点

与机械硬盘相比，固态硬盘也有不足之处。

容量。固态硬盘最大容量目前仅为 4 TB。

寿命限制。固态硬盘闪存具有擦写次数限制的问题，SLC 构架有 10 万次的写入寿命，成本较低的 MLC 构架的写入寿命仅有 5 000 次，而廉价的 TLC 构架的写入寿命仅有 1 000~2 000 次。

售价高。相同容量的固态硬盘的价格比机械硬盘高，有的甚至高几十倍。

6.6.3 固态硬盘的主流品牌

固态硬盘的品牌包括三星、英睿达、闪迪、影驰、浦科特、镁光、台电、科赋、西部数据、东芝及金士顿等。其中，三星是唯一拥有主控、闪存、缓存、固件算法一体式开发、制造实力的厂商。三星、闪迪、东芝、镁光拥有其他厂商可望而不可即的上游芯片资源。

6.7 认识显示器

现在市面上的显示器都是液晶显示器（Liquid Crystal Display，LCD），它具有无辐射危害、屏幕不会闪烁、工作电压低、功耗小、质量小和体积小等优点。显示器通常分为正面和背面，另外，还有各种控制按钮和接口，结构如图 6-8 所示。

现在市面上的显示器又分为以下 3 种类型。

LED 显示器。LED 就是发光二极管，LED 显示器是由发光二极管组成显示屏的显示器。LED 显示器在亮度、功耗、可视角度和刷新速率等方面都更具优势，其单个元素反应速度是 LCD 屏的 1 000 倍，在强光下也非常清楚，并且能适应低温。

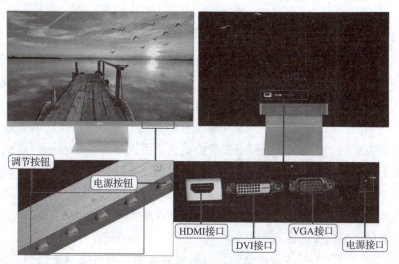

图 6-8　显示器结构

  6K 显示器。6K 显示器并不是一种使用了特殊技术的显示器，而是指最大分辨率达到 6K 标准的显示器。分辨率是指显示器所能显示的像素有多少，通常用显示器在水平和垂直方向能够显示的最大像素点表示。标清 720P 的分辨率为 1 280 px × 720 px，高清 1 080P 的分辨率为 1 920 px × 1 080 px，超清 1 440P 的分辨率为 2 560 px × 1 440 px，超高清 4K 的分辨率为 4 096 px × 2 160 px，6K 的分辨率为 6 016 px × 3 384 px，而 8K 的分辨率为 7 680 px × 4 320 px。

  曲面显示器。曲面显示器是指面板带有弧度的显示器。曲面屏幕的弧度可以保证眼睛到显示器的距离均等，从而带来比普通显示器更好的感官体验。曲面显示器不仅可以完全取代普通显示器的所有功能，而且可以带来更好的影音、游戏体验。

  显示器的性能指标主要包括以下 9 种。

  显示屏尺寸。显示屏尺寸包括 20 英寸（约 51 m）以下、20~22 英寸（约 51~56 cm）、23~26 英寸（约 58~66 cm）、27~30 英寸（约 69~76 cm）及 30 英寸（约 76 cm）以上等。

  屏幕比例。屏幕比例是指显示器屏幕画面纵向和横向的比例，包括普屏 4∶3、宽屏 16∶9 和 16∶10、超宽屏 21∶9 和 32∶9 这 5 种类型。

  面板类型。目前市面上主要有 TN、ADS、PLS、VA 和 IPS 这 5 种类型。其中，TN 面板应用于入门级产品，优点是响应时间短，辐射水平很低，眼睛不易产生疲劳感；缺点是可视角度受到了一定的限制，不会超过 160°。ADS 面板并不多见，其各项性能指标通常略低于 IPS，由于其价格比较低廉，所以也被称为廉价 IPS。PLS 面板主要用在三星显示器上，性能与 IPS 面板非常接近。VA 面板分为 MVA 和 PVA 两种，后者是前者的继承和改良，优点是可视角度大，黑色表现也更为纯净，对比度高，色彩还原准确；缺点是功耗比较高，响应时间比较长，面板的均匀性一般，可视角度比 IPS 面板稍差。IPS 面板是目前显示器面板的主流类型，优点是可视角度大，色彩真实，动态画质出色，节能环保；缺点是可能出现大面积的边缘漏光。市面上的 IPS 面板又分为 S-IPS、H-IPS、E-IPS 和 AH-IPS 这 4 种类型，从性能上看，这 4 种 IPS 面板的排位是 H-IPS > S-IPS > AH-IPS > E-IPS。

对比度。对比度越高，显示器的显示质量也就越高，特别是玩游戏或观看影片时，更高对比度的显示器可得到更好的显示效果。

动态对比度。动态对比度是指液晶显示器在某些特定情况下测得的对比度数值。其作用是保证明亮场景的亮度和昏暗场景的暗度。所以，动态对比度对于那些需要频繁在明亮场景和昏暗场景切换的应用，如看电影，有较为明显的实际意义。

亮度。亮度越高，显示画面的层次越丰富，显示质量也就越高。亮度单位为 cd/m^2。市面上主流显示器的亮度为 250 cd/m^2。需要注意的是，亮度太高的显示器不一定就是好的产品，画面过亮容易引起视觉疲劳，还会使纯黑与纯白的对比度降低，影响色阶和灰阶的表现。

可视角度。可视角度是指站在位于显示器旁的某个角度时，仍可清晰看见影像的最大角度，由于每个人的视力不同，因此，以对比度为准，在最大可视角度时所测量的对比度越大越好。主流显示器的可视角度都在 160°以上。

灰阶响应时间。当玩游戏或看电影时，显示器屏幕内容不可能只做最黑与最白之间的切换，而是五颜六色的多彩画面或深浅不同的层次变化，这些都是在做灰阶间的转换。灰阶响应时间短的显示器的画面质量更好，尤其是在播放运动图像时。目前主流显示器的灰阶响应时间一般控制在 6 ms 以下。

刷新率。刷新率是指电子束对屏幕上的图像重复扫描的次数。刷新率越高，所显示图像（画面）的稳定性就越好。只有在高分辨率下达到高刷新率的显示器才是性能优秀的显示器。市面上显示器的刷新率有 75 Hz、120 Hz、144 Hz、165 Hz 和 200 Hz 及以上等多种类型。

6.8 显示器的选购

在选购显示器时，除了需要注意其各种性能指标外，还应注意下面 5 个问题。

选购目的。如果是用于家庭和一般办公，建议购买 LED 显示器，环保无辐射，性价比高；如果是用于游戏或娱乐，可以考虑购买曲面显示器，颜色鲜艳，视角清晰；如果是用于图形图像设计，最好使用大屏幕 4K 显示器，图像色彩鲜艳，画面逼真。

测试坏点。坏点数是衡量 LCD 液晶面板质量的一个重要标准，而目前液晶面板的生产线技术还不能做到显示屏完全无坏点。检测坏点时，可在显示屏上显示全白或全黑的图像，在全白的图像上出现的黑点，或在全黑的图像上出现的白点，都被称为坏点。通常显示器超过 3 个坏点就不能选购。

显示接口的匹配。显示接口的匹配是指显示器上的显示接口应该和显卡或主板上的显示接口至少有一个相同，这样才能通过数据线连接在一起。如某台显示器有 VGA 和 HDMI 两种显示接口，而连接的计算机显卡上只有 VGA 和 DVI 显示接口，虽然也能够通过 VGA 接口连接，但显示效果没有通过 DVI 或 HDMI 连接的显示效果好。

选购技巧。在选购显示器的过程中，应该买大不买小，通常 16∶9 比例的大尺寸产品更具有购买价值，是用户选购时最值得关注的显示器规格。

主流品牌。常见的显示器主流品牌有三星、HKC、优派、冠捷（AOC）、飞利浦明基、宏基（Acer）、长城、戴尔、TCL、联想、航嘉、泰坦军团、创维及华硕等。

任务六 认识硬盘及周边设备

6.9 认识和选购机箱

从外观上看,机箱一般为矩形框架结构,主要用于为主板、各种输入卡或输出卡、硬盘驱动器、光盘驱动器、电源等部件提供安装支架。图6-9所示为机箱的外观和内部结构图。

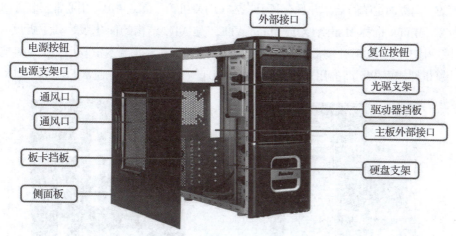

图6-9 机箱的外观和内部结构

机箱的主要功能是为计算机的核心部件提供保护。如果没有机箱,CPU、主板、内存和显卡等部件就会裸露在空气中,不仅不安全,而且空气中的灰尘会影响其正常工作,这些部件甚至会氧化和损坏。机箱的具体功能主要有以下4个方面。

机箱面板上有许多指示灯,可方便用户观察系统的运行情况。

机箱为CPU、主板、各种板卡、存储设备及电源提供了放置空间,并通过其内部的支架和螺钉将这些部件固定,形成一个集装型的整体,起到了保护部件的作用。

机箱坚实的外壳不但能保护其中的设备,包括防压、防冲击和防尘等,还能起到防电磁干扰和防辐射的作用。

机箱面板上的开机和重新启动按钮可使用户方便地控制计算机的启动和关闭。

6.9.1 机箱的样式

机箱的样式主要有立式、卧式和立卧两用式,具体介绍如下。

立式机箱。主流计算机的机箱外形大部分为立式,立式机箱的电源在上方,其散热性比卧式机箱好。立式机箱没有高度限制,理论上可以安装更多的驱动器和硬盘,并使计算机内部设备安装的位置分布得更科学,散热性更好。

卧式机箱。这种机箱外形小巧,整台计算机外观的一体感也比立式机箱的强,占用空间相对较少。随着高清视频播放技术的发展,很多计算机都采用这种机箱,其外面板还具备视频播放能力,非常时尚美观。

立卧两用式机箱。这种机箱适用于不同的放置环境,既可以像立式机箱一样具有更多的内部空间,也能像卧式机箱一样占用较少的外部空间。

6.9.2 机箱的类型

不同结构类型的机箱中需要安装对应结构类型的主板。机箱的结构类型如下：

ATX。在 ATX 结构中，主板安装在机箱的左上方，并且横向放置，而电源安装在机箱的右上方，在前置面板上安装存储设备，并且在后置面板上预留了各种外部端口的位置，这样可使机箱内的空间更加宽敞简洁，并且有利于散热。ATX 机箱（图 6-10）中通常安装 ATX 主板。

MATX。MATX 也称 Mini ATX 或 Micro ATX，是 ATX 结构的简化版。其主板尺寸和电源结构更小，生产成本也相对较低。其最多支持 4 个扩充槽，机箱体积较小，扩展性有限，只适合对计算机性能要求不高的用户使用。MATX 机箱（图 6-11）中通常安装 M-ATX 主板。

图 6-10　ATX 机箱　　　　　　　　图 6-11　MATX 机箱

ITX。它代表计算机微型化的发展方向，这种结构的机箱只相当于两块显卡的大小。为了使外观精美，ITX 机箱的外观样式并不完全相同，除了安装对应主板的空间一样外，ITX 机箱可以有多种形状。HTPC 通常使用的就是 ITX 机箱，ITX 机箱（图 6-12）中通常安装 Mini-ITX 主板。

RTX。RTX（Reversed Technology Extended）机箱（图 6-13）主要是通过巧妙的主板倒置，以配合电源下置和背部走线系统。这种机箱结构可以提高 CPU 和显卡的热效能，解决以往背线机箱需要超长线材电源的问题，使空间利用率更合理。RTX 有望成为下一代机箱的主流结构类型。

图 6-12　ITX 机箱　　　　　　　　图 6-13　RTX 机箱

家用台式机箱主要以立式机箱为主，也称为塔式机箱，可分为全塔、中塔、Mini 和开放式 4 种类型。通常全塔机箱拥有 4 个以上的光驱位，中塔机箱拥有 3~4 个光驱位，而 Mini 机箱仅有 1~2 个光驱位。全塔机箱很大，有较大的散热空间，可以装下服务器用的主板和 E－ATX 主板。最常见的机箱都属于中塔，可以支持普通 ATX 主板和较大的 ATX 版型的主板。

6.9.3 选购机箱的注意事项

在选购机箱时，除了必须要具有以上所提到的良好性能指标外，还需要考虑机箱的做工和用料，以及附加功能，并了解机箱的主流品牌。

做工和用料。在做工方面，首先要查看机箱的边缘是否垂直，对于合格的机箱来说，这是最基本的标准，然后查看机箱的边缘是否采用卷边设计并已经去除毛刺。好的机箱插槽定位准确，箱内还有撑杆，以防止侧面板下沉。在用料方面，首先要查看机箱的钢板材料，好的机箱采用的是镀锌钢板；然后查看钢板的厚度，现在的主流厚度为 0.6 mm，一些优质的机箱会采用 0.8 mm 或 1 mm 厚度的钢板。机箱的质量在某种程度上决定了其可靠性和屏蔽机箱内外部电磁辐射的能力。

附加功能。为了方便用户使用耳机和 U 盘等设备，许多机箱都在正面的面板上设置了音频插孔和 USB 接口。有的机箱还在面板上添加了液晶显示屏，实时显示机箱内部的温度等。用户在挑选时，应根据需要尽量选择性价比更高的产品。

主流品牌。主流的机箱品牌有游戏悍将、航嘉、鑫谷、爱国者、金河田、先马长城、Tt、海盗船、酷冷至尊、安钦克、GAMEMAX、大水牛、至睿和超频三等。

6.10 认识和选购电源

电源（Power）是为计算机提供动力的部件，它通常与机箱一同出售，也可根据用户的需要单独购买。

6.10.1 电源的结构

电源是计算机的"心脏"，它为计算机工作提供动力。电源不仅直接影响计算机的工作稳定程度，还与计算机使用寿命息息相关。电源的结构如图 6-14 所示。

图 6-14 电源的结构

电源插槽。电源插槽是专用的电源线连接口,通常是一个 3 pin 的接口。需要注意的是,电源线插入的交流插线板,其接地插孔必须已经接地,否则,计算机中的静电将不能有效释放,这可能导致计算机硬件被静电烧坏。

SATA 电源插头(SATA 接口)。它是为硬盘提供电能供应的通道。它比 D 形电源插头要窄一些,但安装起来更加方便。

24 pin 主板电源插头((20+4)pin)。该插头是提供主板所需电能的通道。主板电源接口在早期是一个 20 pin 的插头,为了满足 PCI-E 16X 和 DDR2 内存等设备的电能消耗,目前主流的主板电源接口都在原来 20 pin 插头的基础上增加了一个 4 pin 的插头。

辅助电源插头。辅助电源插头是为 CPU 提供电能的通道,它有 4 pin、6 pin 和 8 pin 等类型,可以为 CPU 和显卡等硬件提供辅助电源。

6.10.2 电源的基本参数

影响电源性能指标的基本参数包括风扇大小、额定功率和出线类型。

风扇大小。电源的散热方式主要是风扇散热,风扇的大小有 8 cm、12 cm、13.5 cm 和 14 cm 这 4 种,风扇越大,散热效果越好。

额定功率。额定功率是指支持计算机正常工作的功率,是电源的输出功率,单位为 W(瓦特)。市面上电源的功率从 250 W 到 2 000 W 不等,计算机的配件较多,300 W 以上的电源才能满足需要。根据实际测试,计算机进行不同操作时,其实际功率不同,并且电源额定功率越大越省电。

出线类型。电源市场目前有模组、半模组和非模组 3 种出线类型,主要区别是:模组所有的线缆都是以接口的形式存在的,可以拆掉;半模组除主板供电和 CPU 供电集成外,其他供电都是模组形式;非模组则是所有线缆都集成在电源上。同等规格下,模组电源的工作和转换效率都低于非模组电源,模组电源大多定位于高端市场。

6.10.3 电源的安规认证

安规认证包含了产品安全认证、电磁兼容认证、环保认证、能源认证等各方面,是基于保护使用者与环境安全和质量的一种产品认证。能够反映电源产品质量的安规认证包括 80PLUS、3C、CE 和 ROHS 等,通常在电源铭牌上会标注对应的标志。

80PLUS 认证。80PLUS 是为改善未来环境与节省能源建立的一项严格的节能标准,通过 80PLUS 认证的产品,出厂后会带有 80PLUS 的认证标识。其认证按照 20%、50% 和 80% 这 3 种负载下的产品效率划分等级,要求在这些负载下,转换效率均超过一定水准才能颁发认证,从低到高分为白牌、铜牌、银牌、金牌、铂金牌和铁金牌 6 个认证标准,铁金牌等级最高,效率也最高。

3C 认证。中国国家强制性产品认证(China Compulsory Certification),简称 3C 认证,正品电源都应该通过 3C 认证。

6.10.4 选购电源的注意事项

选购电源时，还需要注意以下两个方面的问题。

做工。判断一款电源做工的好坏，首先，从质量开始，一般高档电源的质量比次等电源的质量大；其次，优质电源使用的电源输出线一般较粗；最后，从电源上的散热孔观察其内部，可看到体积较大和厚度较大的金属散热片及各种电子元件，优质的电源用料较多，这些部件排列得也较为紧密。

主流品牌。主流的电源品牌有航嘉、鑫谷、爱国者、金河田、先马、至睿、长城、游戏悍将、超频三、海盗船、GAMEMAX、安钛克、振华、酷冷至尊、大水牛、华硕、台达、昂达、海韵、九州风神和多彩等。

6.11 认识和选购鼠标及键盘

鼠标和键盘是计算机的主要输入设备，虽然现在有触摸式计算机，但对于各种操作和文字输入，使用鼠标和键盘会更方便快捷。鼠标对于计算机的重要性甚至超过了键盘，因为所有的操作都可以通过鼠标进行，即使是文本输入，也可以通过鼠标进行。下面介绍鼠标的相关知识。

6.11.1 鼠标的外观

鼠标是计算机的两大输入设备之一，其可完成单击、双击、选择等一系列操作。图6-15所示为鼠标的外观。

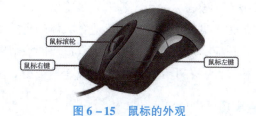

图6-15 鼠标的外观

6.11.2 鼠标的基本参数

鼠标的基本性能参数包括以下6个方面。

鼠标大小。根据鼠标长度来划分鼠标大小，有大鼠标（120 mm）、普通鼠标（100 mm、120 mm）、小鼠标（≤100 mm）。

适用类型。针对不同类型的用户划分鼠标的适用类型，如经济实用、移动便携、商务舒适、游戏竞技和个性时尚等。

工作方式。鼠标的工作方式是指鼠标的工作原理，有光电、激光和蓝影3种。激光鼠标和蓝影鼠标从本质上说也属于光电鼠标。光电鼠标是通过红外线来检测鼠标的位移，将位移信号转换为电脉冲信号，再通过程序的处理和转换来控制屏幕上的鼠标指针；激光鼠标是使用激光作为定位的照明光源的鼠标,其定位更精确,但成本较高;蓝影鼠标是使用普通光电鼠标并配有蓝光二极管照到透明的滚轮上的鼠标,蓝影鼠标性能优于普通光电鼠标,但低于激光鼠标。

连接方式。鼠标的连接方式主要有有线、无线和双模式(具有有线和无线两种使用模式)3 种。其中,无线方式又分为蓝牙和多连(几个具有多连接功能的同品牌产品通过一个接收器进行操作的能力)两种。

接口类型。接口类型主要有 PS/2、USB 和 USB + PS/2 双接口 3 种。

按键数。按键数是指鼠标按键的数量,现在的按键已经从两键、三键发展到了四键、八键乃至更多键。一般来说,按键数越多,鼠标价格越高。

6.11.3 鼠标的技术参数

影响鼠标性能的技术参数包括最高分辨率、分辨率可调、微动开关的使用寿命(按键使用寿命)和人体工学 4 个参数。

最高分辨率。鼠标的分辨率越高,在一定距离内定位的定位点越多,能更精确地捕捉到用户的微小移动,有利于精准定位;另外,cpi(分辨率单位)越高,鼠标在移动相同物理距离的情况下,计算机中鼠标指针移动的逻辑距离越远。目前主流光电鼠标的分辨率都在 2 000 cpi 以上,最高可达 16 000 cpi。

分辨率可调。分辨率可调是指可以选择挡位来切换鼠标的灵敏度,也就是鼠标指针的移动速度。现在市面上鼠标的分辨率最大可调到 8 挡。

微动开关的使用寿命(按键使用寿命)。微动开关的作用是将用户按键的操作传输到计算机中,优质鼠标要求每个微动开关的正常寿命都不低于 10 万次的单击且手感适中,不能太软或太硬。劣质鼠标按键不灵敏,会给操作带来诸多不便。

人体工学。人体工学是指工具的使用方式尽量适合人体的自然形态,人们在工作时,身体和精神不需要任何的主动适应,从而减少因适应工具造成的疲劳感。鼠标的人体工学设计主要是造型设计,分为对称设计、右手设计和左手设计 3 种类型。

6.11.4 选购鼠标的注意事项

在选购鼠标时,首先可以从选择适合自己手感的鼠标入手,然后考虑鼠标的功能性能指标和主流品牌等方面。

手感。鼠标的外形决定了其手感,用户在购买时,应试用后再做选择。手感的标准包括鼠标表面的舒适度、按键的位置分布,以及按键与滚轮的弹性、灵敏度等。对于采用人体工学设计的鼠标,还需要测试鼠标的外形是否利于把握。

功能。市面上许多鼠标提供了比一般鼠标更多的按键,帮助用户在手不离开鼠标的情况下处理更多的事情。一般的计算机用户选择普通的鼠标即可;有特殊需求的用户,如游戏玩家,则可以选择按键较多的多功能鼠标。

主流品牌。现在市面上主流的鼠标品牌有双飞燕、雷柏、海盗船、血手幽灵、达尔优、富勒、新贵、雷蛇、罗技、樱桃、狼蛛、明基、微软和华硕等。

6.11.5 认识和选购键盘

键盘是计算机的另一个输入设备。键盘主要用于输入文本和编辑程序，此外，通过组合键还能加快计算机的操作。

1. 键盘的外观

虽然现在键盘的很多操作都可由鼠标或手写板等设备完成，但在文字输入方面的方便快捷性决定了键盘仍然占有重要地位。

2. 键盘的性能参数

键盘的基本性能参数包括以下 4 个方面。

产品定位。根据功能、技术类型和用户需求的不同，键盘可划分为机械、游戏超薄、平板、多功能、经济实用和数字等类型。

连接方式。现在键盘的连接方式主要有有线和无线两种。其中，无线又可分为蓝牙、无线电等。

接口类型。键盘的接口类型主要有 PS/2、USB 和 USB + PS/2 双接口 3 种，其连接方式都是有线。

按键数。按键数是指键盘中按键的数量，标准键盘为 104 键，现在市场上还有 87 键、107 键和 108 键等类型。

3. 键盘的技术参数

键盘的主要技术参数包括以下 5 个方面。

防水功能。水一旦进入键盘内部，就会造成键盘损坏。具有防水功能的键盘，使用寿命比不防水的键盘更长。

人体工学。满足人体工学要求的键盘的外观与传统键盘大相径庭，其运用了流线型设计，不仅美观，而且实用性强。

按键寿命。按键寿命是指键盘上的按键可以敲击的次数，普通键盘的按键寿命一般在 1 000 万次以上。按键的力度大、频率快，会使按键寿命降低。

按键行程。按键行程是指按下一个键到其恢复正常状态的时间。如果敲击键盘时感到按键上下起伏比较明显，就说明它的按键行程较长。按键行程的长短关系到键盘的使用手感，按键行程较长的键盘会让人感到弹性十足，但比较费劲；按键行程适中的键盘，则让人感到柔软舒服；按键行程较短的键盘，长时间使用会让人感到疲惫。

按键技术。按键技术是指键盘按键采用的工作方式，目前主要有机械轴、X 架构和火山口架构 3 种。机械轴是指键盘的每一个按键都由一个单独的开关来控制闭合，这个开关就是"轴"。使用机械轴的键盘也被称为机械键盘，机械轴包含黑轴、红轴、茶轴、青轴、白轴、凯华轴和 Razer 轴 7 种类型。X 架构又叫剪刀脚架构，它使用平行四连杆机构代替开关，在很大程度上保证了键盘敲击力度的一致性，使作用力平均分布在键帽的各个部分，敲击力道小而均衡，噪声小，手感好，价格稍高。火山口架构主要由卡位来实现开关的功能，2 个卡位的键盘相对便宜，并且设计简单，但容易造成掉键和卡键问题；4 个卡位的键盘比 2 个卡位的键盘有着更好的稳定性，不容易出现掉键问题，但成本略高。

4. 选购键盘的注意事项

每个人的手形、手掌大小均不同，因此，在选购键盘时，不仅需要考虑功能、外观和做工等多方面的因素，在实际购买时，还应试用产品，从而找到适合自己的产品。

功能和外观。虽然键盘上按键的布局基本相同，但各个厂家在设计产品时，一般还会添加一些额外的功能，如多媒体播放按钮和音量调节键等。在外观设计上，优质的键盘布局合理、美观，并会引入人体工学设计，提升产品使用的舒适度。

做工。优质的键盘面板颜色清爽、字迹明显，键盘背面有产品信息和合格标签；用手敲击各按键时，弹性适中，回键速度快且无阻碍，声音低，键位晃动幅度小；抚摸键盘表面会有类似于磨砂玻璃的质感，并且表面和边缘平整，无毛刺。

主流品牌。现在市面上主流的键盘品牌有双飞燕、雷柏、海盗船、血手幽灵、达尔优、雷蛇、罗技、樱桃、狼蛛、明基、微软、联想和苹果等。

6.12 认识和选购外部设备

通常所说的计算机外部设备是指对计算机的正常工作起到辅助作用的硬件设备，如打印机、扫描仪等。计算机即使不连接或不安装这些设备，也能正常运行。

6.12.1 认识和选购音箱

音箱其实就是将音频信号进行还原并输出的工具，其工作原理是声卡将输出的声音信号传送到音箱中，通过音箱还原成人耳能听见的声波。

1. 音箱的外观

普通的计算机音箱由功放和卫星音箱组成。

功放。功放就是功率放大器，其功能是将低电压的音频信号经过放大后推动音箱喇叭工作。由于计算机音箱的特殊性，所以通常也将各种接口和按钮集成在功放上。

卫星音箱。卫星音箱的功能是将电信号通过机械运动转化成声能，通常至少有两个卫星音箱，分别输出左、右声道的信号。

2. 性能指标

音箱的性能指标包括以下8项。

声道系统。音箱所支持的声道数是衡量音箱性能的重要指标之一，从单声道到环绕立体声。这一参数与声卡的参数基本一致。

有源/无源。有源音箱又称为"主动式音箱"，通常是指内部带有功放电路的音箱。无源音箱又称为"被动式音箱"，是指内部不带功放电路的普通音箱。有源音箱带有功放电路，其音质通常比同价位的无源音箱好。

控制方式。控制方式是指音箱的控制和调节方法，它关系到用户界面的舒适度。控制方式主要有3种类型：第一种是最常见的，分为旋钮式和按键式，也是造价最低的；第二种是信号线控制设备，就是将音量控制和开关放在音箱信号输入线上，成本不会增加很多，但操控很方便；第三种是最优秀的控制方式，就是使用一个专用的数字控制电路来控制音箱的工作，并使用一个外置的独立线控或遥控器来控制音箱。

频响范围。这是考查音箱性能优劣的一个重要指标，它与音箱的性能和价位有直接的关系，其频率响应的分贝值越小，说明音箱的频响曲线越平坦、失真越小、性能越高。从理论上讲，20~20 000 Hz的频率响应就足够了。

扬声器材质。低档塑料音箱因其箱体单薄，无法克服谐振，无音质可言（也有部分设计好的塑料音箱要远远好于劣质的木制音箱）；木制音箱降低了箱体谐振造成的音染，音质普遍好于塑料音箱。

扬声器尺寸。扬声器尺寸越大越好，大口径的低音扬声器能在低频部分有更好的表现。普通多媒体音箱低音扬声器的尺寸多为3~5 in（约7~13 cm）。

信噪比。信噪比是指音箱回放的正常声音信号与无信号时噪声信号（功率）的比值，用dB表示。信噪比数值越高，噪声越小。

阻抗。它是指扬声器输入信号的电压与电流的比值。高于16的是高阻抗，低于8的是低阻抗，音箱的标准阻抗是8Ω，建议不要购买低阻抗的音箱。

3. 选购注意事项

选购音箱时，除了考虑各项性能参数外，还需要注意以下4个方面。

重量。质量好的音箱比较重，这说明它的板材、扬声器都是好材料。

功放。功放也是音箱比较重要的组件，但要注意的是，有的厂家会在功放机中加铅块，使它的重量增加，这可以从外壳的空隙中看到。

防磁。音箱是否防磁也很重要，尤其是卫星音箱必须防磁，否则，会导致显示器出现花屏的现象。

主流品牌。主流的音箱品牌有惠威、漫步者、飞利浦、麦博、DOSS、奋达、JBL、金河田、BOSE、索尼、慧海、三诺、联想、华为、哈曼卡顿、山水、B&O和Beats等。

6.12.2 认识和选购打印机

在现代人的生活、工作及学习中，对打印、复印、扫描和传真的使用需求较多，但单独购买4种设备需要花费大量金钱，于是集成多种功能的一体机产生了。通常具有以上功能中的两种的硬件设备就可称为多功能一体机。

打印是多功能一体机的基础功能，因为复印功能和接收传真功能的实现都需要打印功能的支持，所以，多功能一体机通常按照打印方式划分为喷墨、墨仓式、激光和页宽4种。

喷墨。喷墨多功能一体机，通过喷墨头喷出的墨水实现数据打印，其墨水滴的密度完全达到了铅字要求。喷墨多功能一体机使用的耗材是墨盒，墨盒内装有不同颜色的墨水。其主要优点是体积小、操作简单方便、打印噪声低，使用专用纸张时，能打印出和照片效果相媲美的图片等。

墨仓式。墨仓式多功能一体机，是指支持超大容量墨仓，可实现单套耗材超高打印量和超低打印成本的多功能一体机。与喷墨打印最大的不同在于，墨仓式多功能一体机支持大容量墨盒（也叫外墨盒或墨水仓，该墨盒是原厂生产装配的连续供墨系统），用户可享受包括打印头在内的原厂整机保修服务，彻底解决了多功能一体机打印成本居高不下的问题。

激光。激光多功能一体机，利用激光束进行打印，其原理是一个半导体辊筒在感光后刷上墨粉再在纸上滚一遍，最后用高温将文本或图形印在纸张上，使用的耗材是硒鼓和墨粉。激光多功能一体机分为黑白激光多功能一体机和彩色激光多功能一体机两种类型，其中，黑白激光多功能一体机只能打印黑白文本和图像；彩色激光多功能一体机可以打印黑白和彩色的图像与文本。黑白激光多功能一体机具有高效、实用经济等诸多优点；彩色激光多功能一体机虽然使用成本较高，但工作效率高，输出效果也更好。

页宽。页宽多功能一体机，是指具备页宽打印技术的一体机。页宽打印技术是集喷墨和激光技术的优势为一体的全新一代技术。页宽打印使印面更宽阔，节省了墨头来回打印的时间，配合高速传输的纸张，具有比激光打印产品更高的输出速度，理论上能降低单位时间内的打印成本，有成为主流一体机类型的趋势。

多功能一体机的基础性能指标包括以下 4 种。

产品定位。根据产品定位分类，多功能一体机主要有多功能商用一体机和多功能家用一体机两种。

涵盖功能。根据涵盖功能分类，目前市面上主要有两种多功能一体机：一种涵盖打印、复印和扫描功能，另一种涵盖打印、复印、扫描和传真功能。

最大处理幅面。幅面是指纸张的大小，目前主要有 A4 和 A3 两种。对于家庭用户或规模较小的办公用户，使用 A4 幅面的多功能一体机绰绰有余；对于使用频繁或需要处理大幅面的办公用户，可以考虑选择使用 A3 幅面甚至幅面更大的多功能一体机。

耗材类型。根据耗材类型分类，目前市面上主要有 4 种多功能一体机：第一种是鼓粉分离，即硒鼓和墨粉盒是分开的，当墨粉用完而硒鼓有剩余时，只需更换墨粉盒即可，节省了费用；第二种是鼓粉一体，即硒鼓和墨粉盒为一体设计，优点是更换方便，但当墨粉用完，硒鼓有剩余时，需整套更换；第三种是分体式墨盒，是将喷头和墨粉盒分开的产品，不允许用户随意添加墨水，因此重复利用率不太高，但价格较低；第四种是一体式墨粉盒，将喷头集成在墨粉盒上，能长期保证较高的输出质量，但价格也高。

打印功能指标是指多功能一体机进行信息打印时的性能指标。

打印速度。打印速度表示打印机每分钟可输出多少页面，通常用 ppm 和 ipm 这两个单位来衡量。这个指标数值越大越好，越大表示打印机的工作效率越高。打印速度又可具体分为黑白打印速度和彩色打印速度两种类型，通常彩色打印速度要慢一些。

打印分辨率。打印分辨率是判断打印效果好坏的一个直接依据，也是衡量打印质量的重要参考标准。通常分辨率越高的打印设备，打印效果越好。

预热时间。预热时间是指打印机从接通电源到加热至正常运行温度消耗的时间，通常个人型激光打印机或者普通办公型激光打印机的预热时间都在 30 s 左右。

打印负荷。打印负荷是指打印工作量，这一指标决定了打印机的可靠性。这个指标通常以月为衡量单位，打印负荷多的打印机比打印负荷少的打印机的可靠性要高许多。

体现多功能一体机复印功能性能的指标主要有以下 4 项。

复印分辨率。复印分辨率是指每英寸复印对象由多少个点组成，其直接关系到复印的文字和图像的质量。

连续复印。连续复印是指在不对同一复印原稿进行多次设置的情况下，多功能一体机可以一次连续完成的复印的最大数量。连续复印的标识方法为"1 – X 张"，"X"代表该一体机连续复印的最大能力，连续复印的张数与产品的档次有直接的关系。

复印速度。复印速度是指多功能一体机在复印时，每分钟能够复印的张数，单位是张/min。多功能一体机的复印速度通常和打印速度一样，一般不超过打印速度。

缩放范围。缩放范围是指多功能一体机能够对复印原稿进行放大和缩小的比例范围，使用百分比表示。市场上主流的多功能一体机的常见缩放范围有 25% ~ 200%、50% ~ 200%、25% ~ 400% 和 50% ~ 400% 等。

扫描功能指标是指多功能一体机进行信息扫描时的性能指标，主要包括以下项目。

扫描类型。通常按扫描介质和用途的不同，划分为平板式、书刊、胶片、馈纸式和 3D 等类型，多功能一体机主要以平板式为主。

扫描元件。扫描元件的作用是将扫描图像得到的光学信号转变成电信号，再由模拟数字转换器（A/D）将这些电信号转变成计算机能识别的数字信号。目前多功能一体机采用的扫描元件有电荷耦合元件（Charge – Coupled Device，CCD）和接触式图像传感器（Contact Image Sensor，CIS）两种，其生产成本相对较低，扫描速度相对较快，扫描效果能满足大部分工作的需要。

光学分辨率。光学分辨率是指多功能一体机在实现扫描功能时，通过扫描元件将扫描对象每英寸表示成的点数，其单位为 dpi。dpi 数值越大，扫描的分辨率越高，扫描图像的品质越好。光学分辨率通常用垂直分辨率和水平分辨率相乘表示。例如，某款产品的光学分辨率标识为 600 dpi × 1 200 dpi，表示可以将扫描对象每平方英寸的内容表示成水平方向 600 点，垂直方向 1 200 点，两者相乘共 720 000 点。

色彩深度和灰度值。色彩深度是指多功能一体机所能辨析的色彩范围。较高的色彩深度位数可使扫描保存的图像色彩与实物的真实色彩尽可能一致，并且图像色彩更加丰富。灰度值则是进行灰度扫描时，将图像由纯黑到纯白整个色彩区域进行划分的级数。编辑图像时，一般都使用 8 bit，即 256 级，而主流扫描仪通常为 10 bit，最高可达 12 bit。

扫描兼容性。扫描兼容性是指扫描仪厂商共同遵循的规格，是应用程序与影像捕捉设备间的标准接口。目前的扫描类产品都要求能够支持 TWAIN（Technology Without An Interesting Name）的驱动程序，只有符合 TWAIN 要求的产品才能够在各种应用程序中正常使用。

介质规格多功能一体机的主要介质是纸，因此，纸的各种规格就成了一体机的性能指标。

介质类型。介质类型就是多功能一体机支持的纸的类型，包括普通纸、薄纸、再生纸、厚纸、标签纸和信封等。

介质尺寸。介质尺寸是指多功能一体机最大能够处理的纸张的大小，一般多用纸张的规格来标识，如 A3、A4 等。

介质质量。介质质量是指纸的质量，通常以每平方米的质量为单位（g/m^2）。

供纸盒容量。纸盒是指多功能一体机上用来装打印纸的部件。其能够存放纸张，并在多功能一体机工作时，自动进纸打印。供纸盒容量是指供纸盒能够装的纸张数量，该指标是一体机纸张处理能力的评价标准之一，还可间接衡量一体机自动化程度的高低。

输出容量。输出容量是指多功能一体机输出的纸张数量，不同类型的纸张，其输出容量也不同。

选购多功能一体机时，理性选购是最重要的技巧，同时应该注意以下事项。

明确使用目的。在购买之前，用户要明确购买多功能一体机的目的，也就是明确需要多功能一体机具备哪些功能。例如，很多家庭用户需要打印照片，就需要购买在彩色打印方面比较出色的产品；而办公商用的多功能一体机，除了注重文本打印能力外，还需要具备文件复印和收发传真的能力。

综合考虑性能。每一款多功能一体机都有其定位，某些文本打印能力更佳，某些则偏重于复印文件。在购买时，需综合考虑使用要求再选择。

售后服务。售后服务是用户挑选多功能一体机时必须关注的内容之一。一般而言，多功能一体机销售商会承诺一年的免费维修服务，但多功能一体机体积较大，因此，最好要求生产厂商在全国范围内提供免费上门维修服务，若厂商没有办法或者无力提供上门服务，维修将会很麻烦。

主流品牌。主流的多功能一体机品牌有惠普、佳能、兄弟、爱普生、三星、富士施乐、理光、联想、奔图、京瓷、利盟、方正和新都等。

任务七

台式机组装流程

📋 学习情境描述

在组装计算机之前,进行适当的准备是十分必要的,充分的准备工作可以确保组装过程顺利完成,并在一定程度上提高组装的效率与质量。本任务将为组装计算机做好各项准备工作,首先介绍组装计算机的各种工具,然后讲解组装计算机的流程。通过本任务的学习,读者可以掌握组装计算机的准备工作。

📍 学习目标

(1) 了解各硬件的结构和接口。
(2) 了解台式机组装时的注意事项。
(3) 能熟练掌握台式机的组装流程。
(4) 能熟练掌握常见工具的使用方法。
(5) 掌握各硬件之间的连线方法。

📝 任务书

了解台式机组装的流程,讨论不同硬件之间的连线方式,对硬件进行辨认、分类,讨论组装时的注意事项。

👥 任务分组

学生任务分配表

班级		组号		教师	
组长		学号			
组员		姓名	学号	姓名	学号
任务分工					

微机组装与维护

工作准备

（1）阅读任务书，仔细观察硬件的结构，根据特点进行讨论并分类，填写记录。
（2）整理台式机安装流程，讨论安装注意事项。
（3）结合任务书分析本节课的难点和常见问题。

工作实施

引导问题1：组装台式机时，硬件的安装顺序是什么？

_____
_____

引导问题2：安装硬件时，应该注意哪些问题？

_____
_____
_____

小提示

在组装计算机之前，需要对组装的相关注意事项有所了解，包括以下5点：
（1）通过洗手或触摸接地金属物体的方式释放身上所带的静电，防止静电伤害硬件。在组装过程中，手和各部件不断摩擦也会产生静电，因此建议多次释放。
（2）在拧各种螺钉时，不能拧得太紧，拧紧后应往反方向拧半圈。
（3）各种硬件要轻拿轻放，特别是硬盘。
（4）插板卡时，一定要对准插槽均衡向下用力，并且要插紧；拔卡时，不能左右晃动，要均衡用力地垂直拔出，更不能盲目用力，以免损坏板卡。
（5）安装主板、显卡和声卡等部件时，应平稳安装，并将其固定牢靠；对于主板，应尽量安装绝缘垫片。

评价反馈

学生进行自评，评价自己是否能完成本节课的学习，有无任务遗漏。教师对学生进行的评价内容包括：报告书写是否工整规范、内容数据是否真实合理、是否起到了实训的作用。
（1）学生进行自我评价，并将结果填入学生自测表中。

学生自测表

班级：		姓名：	学号：	
学习情境		台式机组装流程		
评价项目		评价标准	分值	得分
台式机组装的流程		能正确理解台式机组装的工作流程	25	
组装时的注意事项		能正确认知台式机组装时的注意事项	25	

续表

班级：	姓名：	学号：	
学习情境	台式机组装流程		
评价项目	评价标准	分值	得分
工作态度	态度端正，无无故缺勤、迟到、早退现象	10	
工作质量	能按计划完成工作任务	10	
协调能力	与小组成员、同学之间能合作交流，协调工作	10	
职业素养	能做到爱护公物，文明操作	10	
创新意识	通过查阅资料，能更好地理解本节课的内容	10	
合计		100	

（2）学生以小组为单位，对以上学习情境的过程与结果进行互评，将互评结果填入学生互评表。

学生互评表

学习情境		台式机组装流程											
评价项目	分值	等级						评价对象（组别）					
								1	2	3	4	5	6
计划合理	8	优	8	良	7	中	6	差	4				
方案准确	8	优	8	良	7	中	6	差	4				
团队合作	8	优	8	良	7	中	6	差	4				
组织有序	8	优	8	良	7	中	6	差	4				
工作质量	8	优	8	良	7	中	6	差	4				
工作效率	8	优	8	良	7	中	6	差	4				
工作完整	10	优	10	良	8	中	5	差	2				
工作规范	16	优	16	良	12	中	10	差	5				
识读报告	16	优	16	良	12	中	10	差	5				
成果展示	10	优	10	良	8	中	5	差	2				
合计	100												

（3）教师对学生工作过程与工作结果进行评价，并将评价结果填入教师综合评价表中。

教师综合评价表

班级：		姓名：	学号：		
学习情境			台式机组装流程		
评价项目			评价标准	分值	得分
考勤			无无故迟到、旷课、早退现象	10	
工作过程		台式机组装的流程	能正确理解台式机组装的工作流程	25	
		组装时的注意事项	能正确认知台式机组装时的注意事项	25	
项目成果		工作完整	能按时完成任务	10	
		工作规范	能按要求完成任务	10	
		成果展示	能准确表达、汇报工作成果	20	
合计				100	

学习情境的相关知识点

7.1 打开机箱并安装电源

组装计算机并没有固定的步骤，通常由个人习惯和硬件类型决定，这里按照专业装机人员常用的装机步骤进行操作。首先打开机箱侧面板，然后将电源安装到机箱中，具体操作如下。

（1）将机箱平放在工作台上，用手或十字螺丝刀拧下机箱后部的固定螺钉（通常是 4 颗，每侧 2 颗），如图 7-1 所示。

（2）在拧下机箱盖一侧的 2 颗螺钉后，按住该机箱侧面板向机箱后部滑动，拆卸掉侧面板；使用尖嘴钳取下机箱后部的显卡挡片，如图 7-2 所示。

图 7-1　拧下机箱后部螺钉

图 7-2　侧面板和显卡挡片

（3）因为主板的外部接口不同，所以需要安装主板附带的挡板，这里将主板包装盒附带的主板专用挡板扣在该位置（当然，这一步也可以在安装主板时进行，通常由个人习惯决定），如图 7-3 所示。

(4) 在安装硬盘或电源时，通常需要将其固定在机箱的支架上，并且两侧都要使用螺钉固定，所以最好将机箱两侧的面板都拆卸掉。使用同样的方法拆卸机箱另外一个侧面板。如图 7-4 所示。

图 7-3　安装主板挡板

图 7-4　拆卸机箱侧面板

(5) 放置电源，将电源有风扇的一面朝向机箱上的预留孔，然后将其放置在机箱的电源固定架上，如图 7-5 所示。

(6) 将电源后方的螺钉孔与机箱上的孔位对齐，使用机箱附带的粗牙螺钉将电源固定在电源固定架上。然后用手上下晃动电源，观察其是否稳固，如图 7-6 所示。

图 7-5　放置电源

图 7-6　固定电源

7.2　安装 CPU 与散热风扇

安装完电源后，通常先安装主板，再安装 CPU。但由于机箱内的空间比较小，所以对于初次组装计算机的用户来说，为了保证安装顺利进行，可以先将 CPU、散热风扇和内存安装到主板上，再将主板固定到机箱中。下面介绍安装 CPU 和散热风扇的方法，具体操作如下。

(1) 将主板从包装盒中取出，放置在附带的防静电绝缘垫上。
(2) 推开主板上的 CPU 插座拉杆，如图 7-7 所示。
(3) 打开 CPU 插座上的 CPU 挡板，如图 7-8 所示。
(4) 使用 CPU 两侧的缺口对准插座缺口，将其垂直放在 CPU 插座中。

如果没有防静电绝缘垫，可以使用主板包装盒中的矩形泡沫垫代替，将主板放置在包装盒上就可以进行安装。另外，有些 CPU 的一角有个小三角形标记，将其对准主板 CPU 插座上的标记即可安装。

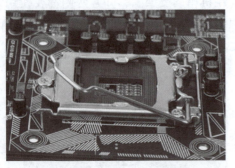 

图 7-7　推开 CPU 插座拉杆　　　　　　图 7-8　打开 CPU 挡板

（5）此时不可用力按压，应使 CPU 自由滑入插座内，然后盖好 CPU 挡板并压下拉杆完成 CPU 的安装，如图 7-9 所示。

（6）在 CPU 背面涂抹导热硅脂，方法是使用购买硅脂时赠送的注射针筒将少许硅脂挤出到 CPU 中心，并涂抹均匀，如图 7-10 所示。

图 7-9　安装 CPU　　　　　　　　图 7-10　涂抹导热硅脂

（7）将 CPU 散热风扇的 4 个膨胀扣对准主板上的散热风扇孔位，然后向下用力，使膨胀扣卡槽进入孔位中。

（8）将散热风扇支架螺帽插入膨胀扣中，并固定散热风扇支架，如图 7-11 所示。

（9）将散热风扇一边的卡扣安装到支架一侧的扣具上。

（10）将散热风扇另一边的卡扣安装到支架另一侧的扣具上，固定好风扇；将散热风扇的电源插头插入主板的 CPU FAN 插槽，如图 7-12 所示。

 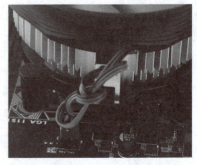

图 7-11　固定支架　　　　　　　　图 7-12　散热器供电

7.3 安装内存

还有一个硬件也可以在将主板放入机箱前安装,那就是内存。内存的安装也比较简单,具体操作如下。

(1)将内存插槽上的固定卡座向外轻微用力扳开,打开内存插槽卡扣,如图7-13所示。

图7-13 打开内存插槽卡扣

(2)将内存上的缺口与插槽中的防插反凸起对齐,向下均匀用力,将其水平插入插槽中,使金手指和插槽完全接触。将内存卡座扳回,使其卡住内存条,如图7-14所示。

图7-14 安装内存条

7.4 安装主板

安装主板就是将安装了CPU和内存的主板固定到机箱的主板支架上,具体操作如下。

(1)现在的主板都采用框架式结构,可以通过不同的框架进行主板线缆的走位和固定,以方便安装硬件。这里需要将电源的各种插头进行整理,方便在安装主板后将插头插入对应的插槽,如图7-15所示。

(2)将主板平稳地放入机箱内,使主板上的螺钉孔与机箱上的六角螺栓对齐,然后使主板的外部接口与机箱背面安装好的该主板专用挡板孔位对齐。

(3)用螺钉将主板固定在机箱的主板架上,如图7-16所示。

图7-15 整理线缆

图7-16 安装主板

7.5 安装硬盘

硬盘的类型主要有固态硬盘和机械硬盘,在本次组装中,计算机的两种硬盘都需要安装,具体操作如下。

(1) 将固态硬盘放置到机箱的 3.5 in 驱动器支架上,将固态硬盘的螺钉口与驱动器的螺钉口对齐,如图 7-17 所示。

(2) 用细牙螺钉将固态硬盘固定在驱动器支架上。

(3) 使用同样的方法将机械硬盘安装到机箱的另一个驱动器支架上,如图 7-18 所示。

图 7-17 安装固态硬盘

图 7-18 安装机械硬盘

7.6 安装显卡、声卡和网卡

其实很多主板都已集成了显示、音频和网络芯片,但有时也需要安装独立的显卡、声卡和网卡,其操作类似。下面安装独立显卡,具体操作如下。

(1) 拆卸掉机箱后侧的板卡挡板(有些机箱不需要进行本步骤)。

(2) 通常主板的 PCI-E 显卡插槽都有卡扣,向下按压卡扣将其打开,如图 7-19 所示。

(3) 将显卡的金手指对准主板上的 PCI-E 接口,轻轻按下显卡,如图 7-20 所示。

图 7-19 打开显卡插槽

图 7-20 安装显卡

(4) 衔接完全后,用螺钉将其固定在机箱上,完成显卡的安装。

7.7 连接机箱中的各种内部线缆

安装机箱内部的硬件后,即可连接机箱内的各种线缆,主要包括各种电源线、控制线和信号线,具体操作步骤如下。

(1) 用20针的主板电源线对准主板上的电源插座插入,如图7-21所示。

(2) 用4针的主板辅助电源线对准主板上的辅助电源插座插入。

(3) 现在常用SATA接口的硬盘,其电源线的一端为L形,在主机电源的连线中找到该电源线插头,将其插入硬盘对应的接口中。这里先连接固态硬盘的电源线,再连接机械硬盘的电源线。

(4) SATA接口的硬盘的数据线两端接口都为L形(该数据线属于硬盘的附件,在硬盘包装盒中),按正确

图7-21 插入主板电源线

的方向将一条数据线的插头插入固态硬盘的SATA接口中,再将另一条数据线的插头插入机械硬盘的SATA接口中,如图7-22所示。

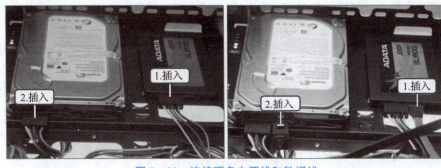

图7-22 连接硬盘电源线和数据线

(5) 将对应固态硬盘的数据线的另一个插头插入主板的SATA插座中,再将机械硬盘的数据线的另一个插头插入主板的SATA插座中。

(6) 在机箱的前面板连接线中找到音频连线的插头(标记为HD AUDIO),将其插入主板相应的插座上;然后在机箱的前面板连接线中找到前置USB连线的插头(标记为USB),将其插入主板相应的插座上;再在机箱的前面板连接线中找到USB 3.1连线的插头,将其插入主板相应的插座上。

(7) 从机箱信号线中找到主机开关电源工作状态指示灯信号线,将其和主板上的POWER LED接口相连;找到机箱的电源开关控制线插头,该插头为一个两芯的插头,和主板上的POWER SW(QS)或PWR SW插座相连;找到硬盘工作状态指示灯信号线插头,其为两芯插头:一根线为红色,另一根线为白色,将该插头和主板上的H. D. D LED接口相连;找到机箱上的重启按钮控制线插头,将其和主板上的RESET SW(QS)接口相连,如图7-23所示。

95

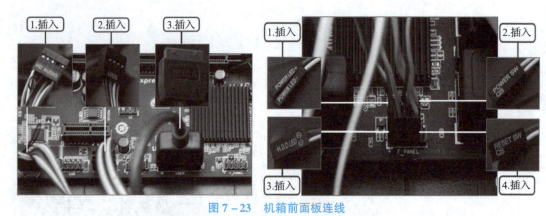

图 7-23 机箱前面板连线

（8）将机箱内部的信号线放在一起，将光驱、硬盘的数据线和电源线理顺后，用扎带捆绑固定起来，并将所有电源线捆扎起来。

7.8 连接周边设备

这也是组装计算机硬件的最后步骤，需要安装机箱侧面板，然后连接显示器、键盘和鼠标，并将计算机通电。具体操作如下。

（1）将拆除的两个机箱侧面板装上，然后用螺钉固定。

（2）将 PS/2 键盘连接线插头对准主机后的紫色键盘接口并插入；将 USB 鼠标连接线插头对准主机后的 USB 接口并插入；将显示器包装箱中配置的数据线的 VGA 插头插入显卡的 VGA 接口中（如果显示器的数据线是 DVI 或 HDMI 插头，则插入机箱后对应的接口即可），然后拧紧插头上的两颗固定螺钉。

（3）将显示器数据线的另外一个插头插入显示器后面的 VGA 接口上，并拧紧插头上的两颗固定螺钉；将显示器包装箱中配置的电源线的一头插入显示器电源接口中。

（4）检查前面连接的各种连线，确认连接无误后，将主机电源线连接到主机后的电源接口。

（5）将显示器电源插头插入电源插线板中，再将主机电源线插头插入电源插线板中。计算机整机的组装操作完成。

任务八

操作系统的安装

学习情境描述

操作系统是计算机软件的核心,是计算机正常运行的基础,没有操作系统,计算机将无法完成任何工作。其他应用软件只能在安装了操作系统后再安装,没有操作系统的支持,应用软件也不能发挥作用。Windows 系列操作系统是目前主流的操作系统,使用较多的版本是 Windows 7 和 Windows 10。本任务将介绍如何在计算机中使用安装光盘安装 64 位 Windows 10 操作系统。通过本任务的学习,读者可以掌握 Windows 操作系统安装的相关操作。

学习目标

(1)了解操作系统的版本。
(2)了解启动盘的制作。
(3)能熟练掌握操作系统的安装方法。

任务书

掌握系统启动盘的制作,掌握操作系统的安装方法,讨论不同操作系统之间的区别,讨论安装时的注意事项。

任务分组

学生任务分配表

班级		组号		教师	
组长		学号			
组员		姓名	学号	姓名	学号
任务分工					

工作准备

（1）阅读任务书，根据任务要求进行讨论并分类，填写记录。
（2）整理操作系统安装流程，讨论安装注意事项。
（3）结合任务书分析本节课的难点和常见问题。

工作实施

引导问题1：安装操作系统前的准备工作是什么？

_____
_____
_____

引导问题2：安装操作系统的具体流程是什么？

_____
_____
_____

引导问题3：安装操作系统的注意事项是什么？

_____
_____
_____

评价反馈

学生进行自评，评价自己是否能完成本节课的学习，有无任务遗漏。教师对学生进行的评价内容包括：报告书写是否工整规范、内容数据是否真实合理、是否起到了实训的作用。

（1）学生进行自我评价，并将结果填入学生自测表中。

学生自测表

班级：	姓名：	学号：	
学习情境	操作系统的安装		
评价项目	评价标准	分值	得分
系统安装工具的准备	能正确认知安装操作系统的工具	25	
安装操作系统	能正确安装操作系统	25	
工作态度	态度端正，无无故缺勤、迟到、早退现象	10	

续表

班级：		姓名：	学号：	
学习情境		操作系统的安装		
评价项目		评价标准	分值	得分
工作质量		能按计划完成工作任务	10	
协调能力		与小组成员、同学之间能合作交流，协调工作	10	
职业素养		能做到爱护公物，文明操作	10	
创新意识		通过查阅资料，能更好地理解本节课的内容	10	
	合计		100	

（2）学生以小组为单位，对以上学习情境的过程与结果进行互评，将互评结果填入学生互评表。

学生互评表

学习情境		操作系统的安装											
评价项目	分值	等级							评价对象（组别）				
									1	2	3	4	5	6
计划合理	8	优	8	良	7	中	6	差	4					
方案准确	8	优	8	良	7	中	6	差	4					
团队合作	8	优	8	良	7	中	6	差	4					
组织有序	8	优	8	良	7	中	6	差	4					
工作质量	8	优	8	良	7	中	6	差	4					
工作效率	8	优	8	良	7	中	6	差	4					
工作完整	10	优	10	良	8	中	5	差	2					
工作规范	16	优	16	良	12	中	10	差	5					
识读报告	16	优	16	良	12	中	10	差	5					
成果展示	10	优	10	良	8	中	5	差	2					
合计	100													

（3）教师对学生工作过程与工作结果进行评价，并将评价结果填入教师综合评价表中。

教师综合评价表

班级：		姓名：	学号：	
学习情境			操作系统的安装	
评价项目		评价标准	分值	得分
考勤		无无故迟到、旷课、早退现象	10	
工作过程	系统安装工具的准备	能正确认知安装操作系统的工具	25	
	安装操作系统	能正确安装操作系统	25	
项目成果	工作完整	能按时完成任务	10	
	工作规范	能按要求完成任务	10	
	成果展示	能准确表达、汇报工作成果	20	
合计			100	

学习情境的相关知识点

在安装操作系统前，需要了解安装的方式。操作系统的安装方式通常有两种：升级安装和全新安装，全新安装又分为使用光盘安装和使用 U 盘安装两种。

1. 升级安装

升级安装是在计算机中已安装操作系统的情况下，将其升级为更高版本的操作系统。但是，升级安装会保留已安装系统的部分文件。为避免旧系统中的问题遗留到新的系统中，建议删除旧系统，重新安装新系统。

2. 全新安装

全新安装是在计算机中没有安装任何操作系统的基础上安装一个全新的操作系统。

光盘安装。光盘安装就是购买正版的操作系统安装光盘，将其放入光驱，通过该安装光盘启动计算机，然后将光盘中的操作系统安装到计算机硬盘的系统分区中。这也是过去很长一段时间里最常用的操作系统安装方式。

U 盘安装。这是一种现在非常流行的操作系统安装方式，首先从网上下载正版的操作系统安装文件，将其放置到 U 盘中，然后通过 U 盘启动计算机，在 Windows PE 操作系统中找到安装文件，通过该安装文件安装操作系统。

操作系统的位数与 CPU 的位数是同一概念，在 64 位 CPU 的计算机中，需要安装 64 位的操作系统才能发挥其最佳性能（也可以安装 32 位操作系统，但 CPU 效能会大打折扣），而在 32 位 CPU 的计算机中，只能安装 32 位的操作系统。32 位操作系统与 64 位操作系统的安装操作基本一致，下面在计算机中通过 U 盘下载并安装 64 位 Windows 10 操作系统，具体操作步骤如下。

（1）在另外一台计算机中打开 Microsoft 的官方网站，进入 Windows 10 操作系统的下载网页,单击"立即下载工具"按钮。

(2)将自动下载 Windows 10 操作系统的 U 盘安装程序,然后双击运行安装程序。

(3)打开软件的"适用的声明和许可条款"对话框,查看软件的许可条款。然后单击"接受"按钮,如图 8-1 所示。

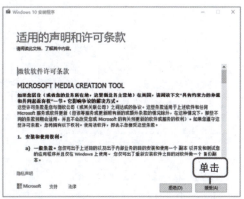

图 8-1 下载系统安装工具

(4)打开选择操作的对话框,选中"为另一台电脑创建安装介质(U 盘、DVD 或 ISO 文件)"单选项,单击"下一步"按钮。

(5)打开"选择语言、体系结构和版本"对话框,取消选中"对这台电脑使用推荐的选项"复选框,在"语言""版本""体系结构"下拉列表框中进行设置,单击"下一步"按钮,如图 8-2 所示。

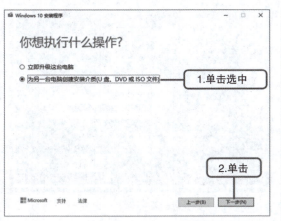
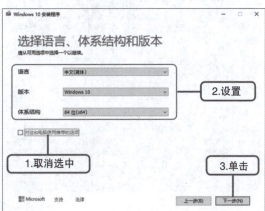

图 8-2 系统设置

(6)打开"选择要使用的介质"对话框,选中"U 盘"单选项,单击"下一步"按钮。

(7)打开"选择 U 盘"对话框,选择 U 盘对应的盘符,单击"下一步"按钮,如图 8-3 所示。

(8)启动软件,开始从网上下载 Windows 10 操作系统的安装程序,并将其存储到 U 盘中,将 U 盘创建为启动盘。

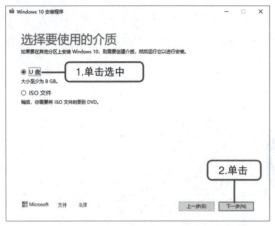 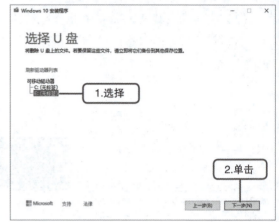

图 8-3 选择介质

（9）完成后，在打开的对话框中会显示 U 盘准备就绪，单击"完成"按钮，完成 Windows 10 操作系统的 U 盘启动和安装程序的制作工作。

（10）将制作好启动和安装程序的 U 盘插入需要安装操作系统的计算机中，启动计算机后，将自动运行安装程序。这时对 U 盘进行检测，屏幕中显示安装程序正在加载安装所需的文件。

（11）文件复制完成后，将运行 Windows 10 的安装程序，在打开的对话框中进行设置。这里保持默认设置，单击"下一步"按钮，如图 8-4 所示。

图 8-4 设置保持默认

（12）在打开的对话框中单击"现在安装"按钮，安装 Windows 10 操作系统。

（13）打开"选择要安装的操作系统"界面，在其中的列表框中选择要安装的操作系统的版本，单击"下一步"按钮，如图 8-5 所示。

（14）打开"适用的声明和许可条款"界面，选中"我接受许可条款"复选框，单击"下一步"按钮。

（15）打开"你想执行哪种类型的安装？"界面，单击相应的选项，如图 8-6 所示。

图 8-5 选择操作系统

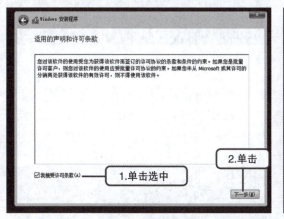
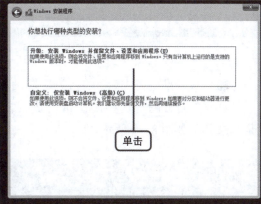

图 8-6 选择安装类型

（16）在打开的"你想将 Windows 安装在哪里？"界面中选择安装 Windows 10 操作系统的磁盘分区，单击"下一步"按钮。

（17）打开"正在安装 Windows"界面，显示正在复制 Windows 文件和正在准备要安装的文件的状态，并用百分比的形式显示安装的进度，如图 8-7 所示。

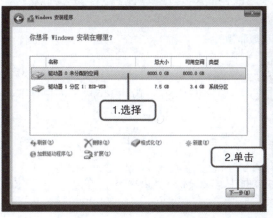
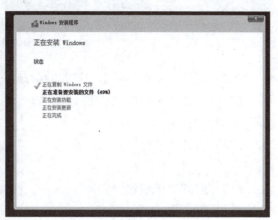

图 8-7 选择安装位置和显示安装进度

（18）在安装复制文件的过程中，会要求重启计算机，可以等 10 s 后自动重启，也可以单击"立即重启"按钮直接重新启动计算机。

（19）重启后，Windows 10 操作系统将对系统进行设置，并准备设备，如图 8-8 所示。

图 8-8　准备设备

（20）设备准备完成后，将打开区域设置界面，选择默认的选项，单击"是"按钮。

（21）在打开的"这种键盘布局是否合适？"界面中，选择一种输入法，完成后单击"是"按钮，如图 8-9 所示。

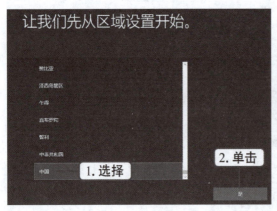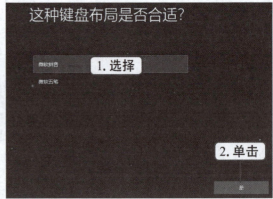

图 8-9　设置区域和输入法

（22）打开"是否想要添加第二种键盘布局？"界面，通常可以直接单击"跳过"按钮。

（23）打开"谁将会使用这台电脑？"界面，在文本框中输入账户名称，单击"下一步"按钮，图 8-10 所示。

（24）打开"创建容易记住的密码"界面，在文本框中输入用户密码，单击"下一步"按钮。

（25）打开"确认你的密码"界面，在文本框中再次输入用户密码，单击"下一步"按钮，如图 8-11 所示。

 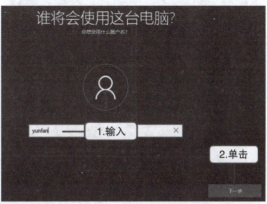

图 8-10　设置账户名称

 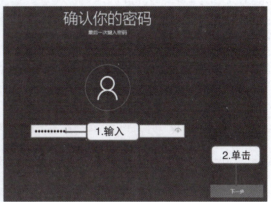

图 8-11　设置账户密码

（26）打开"为此账户创建安全问题"界面，在下拉列表框中选择一个安全问题，在下面的文本框中输入安全问题的答案，单击"下一步"按钮。

（27）继续打开"为此账户创建安全问题"的界面，使用同样的方法继续选择另外一个安全问题，然后输入该安全问题的答案，单击"下一步"按钮；再次打开"为此账户创建安全问题"的界面，再选择一个安全问题，并输入该安全问题的答案，单击"下一步"按钮。用户总共需要创建 3 个安全问题和答案。

（28）在打开的"在具有活动历史记录的设备上执行更多操作"界面中可以设置向 Microsoft 发送活动记录，单击"是"按钮，如图 8-12 所示。

（29）打开隐私设置界面设置各种隐私选项。

（30）系统安装完成后，将显示 Windows 10 操作系统的系统桌面，如图 8-13 所示。

（31）单击"开始"按钮，在打开的"开始"菜单中选择"Windows 系统"选项，在打开的子菜单中的"此电脑"选项上右击，在弹出的快捷菜单中选择"更多"命令，在弹出的子菜单中选择"属性"命令。

（32）打开"系统"窗口，在"Windows 激活"栏中单击"激活 Windows"超链接。

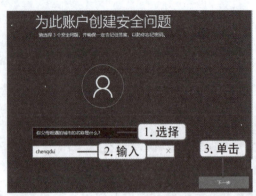
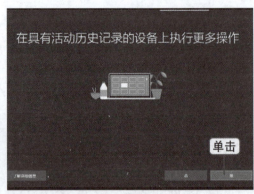

图 8-12　创建安全问题

图 8-13　隐私设置

(33) 打开"激活"窗口,单击"更改产品密钥"超链接。

(34) 打开"输入产品密钥"对话框,在"产品密钥"文本框中输入产品密钥,单击"下一页"按钮,如图 8-14 所示。

图 8-14　输入产品密钥

(35) 打开"激活 Windows"提示框,单击"激活"按钮。

(36) Windows 操作系统将连接到互联网中激活系统,完成后返回"系统"窗口,在"Windows 激活"栏中显示"Windows 已激活"。

任务九

BIOS设置及硬盘分区

学习情境描述

基本输入输出系统（Basic Input Output System，BIOS）是被固化在只读存储器（Read Only Memory，ROM）中的程序，因此又称为 ROM BIOS 或 BIOS ROM。BIOS 程序在开机时便运行，计算机只有在执行 BIOS 后，硬盘上的程序才能正常工作。由于 BIOS 存储在只读存储器中，因此它只能读取，不能修改，并且断电后仍能保持数据不丢失。本任务将介绍 UEFI BIOS 的基本功能、类型、基本操作，以及界面中的主要设置，并通过一些具体的 BIOS 设置讲解常见的设置操作。

学习目标

（1）了解 BIOS 的作用。
（2）了解新版 BIOS 和旧版 BIOS 的区别。
（3）熟练掌握 BIOS 的设置方法。
（4）掌握 BIOS 的基本功能。

任务书

了解常见的 BIOS 界面，讨论不同品牌主板 BIOS 的区别，掌握 BIOS 的基本功能，对 BIOS 设置进行更改。讨论新版 BIOS 和旧版 BIOS 的区别。

任务分组

学生任务分配表

班级		组号		教师	
组长		学号			
组员		姓名	学号	姓名	学号
任务分工					

微机组装与维护

工作准备

（1）阅读任务书，仔细观察 BIOS 的结构，根据特点进行讨论并分类，填写记录。

（2）上网收集 BIOS 的发展史，讨论 BIOS 的区别，并根据自己的感受说出不同 BIOS 之间的优缺点。

（3）结合任务书分析本节课的难点和常见问题。

工作实施

引导问题 1：BIOS 的作用是什么？

_____
_____
_____

引导问题 2：BIOS 的基本功能是什么？

_____
_____
_____

引导问题 3：如何进入 BIOS？

_____
_____
_____

引导问题 4：不同品牌的主板 BIOS 有什么区别？

_____
_____
_____

引导问题 5：如何调整计算机存储设备的启动顺序？

_____
_____

引导问题 6：如何修改 BIOS 的密码？

_____
_____
_____

引导问题 7：如何设置 CPU 超频？
_____
_____
_____

引导问题 8：什么是安全启动？
_____
_____
_____

引导问题 9：硬盘分区的基本原则是什么？
_____
_____
_____

评价反馈

学生进行自评，评价自己是否能完成本节课的学习，有无任务遗漏。教师对学生进行的评价内容包括：报告书写是否工整规范、内容数据是否真实合理、是否起到了实训的作用。

（1）学生进行自我评价，并将结果填入学生自测表中。

学生自测表

班级：		姓名：	学号：	
学习情境		BIOS 设置及硬盘分区		
评价项目	评价标准		分值	得分
BIOS 的作用	能正确理解 BIOS 的作用和意义		10	
BIOS 的基本功能	能正确认知 BIOS 的基本功能		20	
BIOS 的设置	能正确对 BIOS 进行设置		20	
不同 BIOS 的区别	能正确分辨 BIOS 的区别		10	
工作态度	态度端正，无无故缺勤、迟到、早退现象		10	
工作质量	能按计划完成工作任务		10	
协调能力	与小组成员、同学之间能合作交流，协调工作		10	
职业素养	能做到爱护公物，文明操作		5	
创新意识	通过查阅资料，能更好地理解本节课的内容		5	
合计			100	

（2）学生以小组为单位，对以上学习情境的过程与结果进行互评，将互评结果填入学生互评表。

学生互评表

学习情境									BIOS 设置及硬盘分区					
评价项目	分值	等级							评价对象（组别）					
									1	2	3	4	5	6
计划合理	8	优	8	良	7	中	6	差	4					
方案准确	8	优	8	良	7	中	6	差	4					
团队合作	8	优	8	良	7	中	6	差	4					
组织有序	8	优	8	良	7	中	6	差	4					
工作质量	8	优	8	良	7	中	6	差	4					
工作效率	8	优	8	良	7	中	6	差	4					
工作完整	10	优	10	良	8	中	5	差	2					
工作规范	16	优	16	良	12	中	10	差	5					
识读报告	16	优	16	良	12	中	10	差	5					
成果展示	10	优	10	良	8	中	5	差	2					
合计	100													

（3）教师对学生工作过程与工作结果进行评价，并将评价结果填入教师综合评价表中。

教师综合评价表

班级：　　　　　　姓名：　　　　　　学号：

学习情境		BIOS 设置及硬盘分区		
评价项目		评价标准	分值	得分
考勤		无无故迟到、旷课、早退现象	10	
工作过程	BIOS 的作用	能正确理解 BIOS 的作用和意义	10	
	BIOS 的基本功能	能正确认知 BIOS 的基本功能	20	
	BIOS 的设置	能正确对 BIOS 进行设置	20	
	不同 BIOS 的区别	能正确分辨 BIOS 的区别	10	
项目成果	工作完整	能按时完成任务	10	
	工作规范	能按要求完成任务	10	
	成果展示	能准确表达、汇报工作成果	10	
合计			100	

任务九　BIOS 设置及硬盘分区

拓展思考题

（1）UEFI BIOS 和传统 BIOS 运行流程有什么区别？

_____
_____
_____
_____

（2）如何设置意外断电，恢复到断电前的状态？

_____
_____
_____
_____

学习情境的相关知识点

9.1　什么是 BIOS

　　统一的可扩展固件接口（Unified Extensible Firmware Interface，UEFI）是一种详细描述全新类型接口的标准，是适用于计算机的标准固件接口，旨在代替 BIOS 并提高软件互操作性和打破 BIOS 的局限性，现在通常把具备 UEFI 标准的 BIOS 设置称为 UEFI BIOS。作为传统 BIOS 的继任者，UEFI BIOS 拥有前者所不具备的诸多功能，如图形化界面、多种 UEFI BIOS 多样的操作方式、允许植入硬件驱动等。这些特性让 UEFI BIOS 比传统 BIOS 更加易用、功能更多、更加方便。Windows 8 操作系统在发布之初就对外宣布全面支持 UEFI，这也促使众多主板厂商纷纷转投 UEFI，并将此作为主板的标准配置之一。

9.1.1　UEFI BIOS 的 5 个特点

　　（1）通过保护预启动或预引导进程，抵御 bootkit 攻击，从而提高安全性。
　　（2）缩短了启动时间和从休眠状态恢复的时间。
　　（3）支持容量超过 2.2 TB 的驱动器。
　　（4）支持 64 位的现代固件设备驱动程序，系统在启动过程中，可以使用它们来对超过 172 亿吉字节的内存进行寻址。
　　（5）UEFI 硬件可与 BIOS 结合使用。
　　图 9-1 和图 9-2 所示分别为主界面和自检画面。不同品牌的主板，其 UEFI BIOS 的设置程序可能不同，但进入设置程序的操作是相同的，启动计算机，按 Delete 键或 F2 键，即出现屏幕提示。

图 9-1　主界面

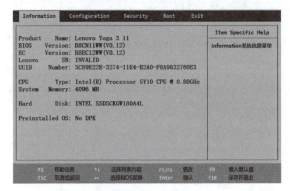

图 9-2　自检画面

9.2　BIOS 的基本功能

BIOS 的基本功能主要包括中断服务程序、系统设置程序、开机自检程序和系统启动自举程序 4 项，但经常使用到的只有后面 3 项。

中断服务程序。中断服务程序实质上是计算机系统中软件与硬件之间的一个连接操作系统，对硬盘、光驱、键盘和显示器等设备的管理都建立在 BIOS 的基础上。

系统设置程序。计算机在对硬件进行操作前，必须先知道硬件的配置信息。这些配置信息存放在一块可读写的 RAM 芯片中，而 BIOS 中的系统设置程序主要用来设置 RAM 中的各项硬件参数，这个设置参数的过程就称为 BIOS 设置。

开机自检程序。在按下计算机电源开关后，自检（Power On Self Test，POST）程序将检查各个硬件设备是否正常工作。自检包括对 CPU、640 KB 基本内存、1 MB 以上的扩展内存、ROM、主板、CMOS 存储器、串并口、显卡、软/硬盘子系统及键盘的测试，一旦在自检过程中发现问题，系统将给出提示信息或警告。

系统启动自举程序。完成开机自检后，BIOS 将先按照 RAM 中保存的启动顺序来搜寻软/硬盘、光盘驱动器和网络服务器等有效的启动驱动器，再读入操作系统引导记录，然后将系统控制权交给引导记录，最后由引导记录完成系统的启动。

9.3 BIOS 的基本操作

UEFI BIOS 可以直接通过鼠标操作，而传统 BIOS 进入设置主界面后，可通过快捷键进行操作，这些快捷键在 UEFI BIOS 中同样适用。

←、→、↑、↓键：用于在各设置选项间切换和移动。

+ 或 Page Up 键：用于切换选项设置递增值。

− 或 Page Down 键：用于切换选项设置递减值。

Enter 键：确认执行和显示选项的所有设置值，并进入选项子菜单。

F1 键或 Alt + H 组合键：弹出帮助窗口，并显示所有功能键。

F5 键：用于载入选项修改前的设置值。

F6 键：用于载入选项的默认值。

F7 键：用于载入选项的最优化默认值。

F10 键：用于保存并退出 BIOS 设置。

Esc 键：回到前一级画面或主画面，或从主画面中结束设置程序。按此键也可不保存设置而直接退出 BIOS 程序。

9.4 认识 UEFI BIOS 中的主要设置项

UEFI BIOS 界面可以直接进行设置，一般包括系统设置、高级设置、CPU 设置、固件升级、安全设置、启动设置和保存并退出等选项，如图 9-3 所示。这里以微星主板的 UEFI BIOS 设置为例，其主要设置项包括以下 7 种。

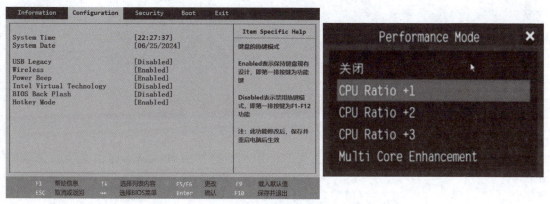

图 9-3 UEFI BIOS 设置

系统状态：主要用于显示和设置系统的各种状态信息，包括系统日期、时间、各种硬件信息等。

高级：主要用于显示和设置计算机系统的高级选项，包括 PCI 子系统设置、电源管理设置、硬件监控、整合周边设备等。

Overclocking：主要用于显示和设置硬件频率和电压，包括调整 CPU 倍率、内存频率、PCH 电压、内存电压、CPU 规格等。

M – Flash：主要用于 UEFI BIOS 的固件升级。

安全：主要用于设置系统安全密码，包括管理员密码、用户密码和机箱入侵设置等，如图 9 – 4 所示。

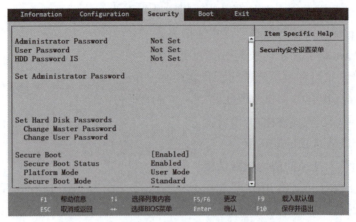

图 9 – 4　安全设置

启动：主要用于显示和设置系统的启动信息，包括启动配置、启动模式和启动顺序等，如图 9 – 5 所示。

图 9 – 5　启动设置菜单

保存并退出：主要用于显示和设置 UEFI BIOS 的操作更改，包括保存选项和更改的操作等。

9.5　设置计算机启动顺序

启动顺序是指系统启动时，将按设置的驱动器顺序查找并加载操作系统，是在"启动"界面中进行设置的。下面在"启动"界面中设置计算机通过光驱和硬盘的启动（图 9 – 6 和图 9 – 7），具体操作如下。

图 9-6　设置启动选项（1）

图 9-7　设置启动选项（2）

（1）启动计算机，当出现自检画面时，按 Delete 键，进入 UEFI BIOS 设置主界面，单击上面的"启动"按钮；打开"启动"界面，在"设定启动顺序优先级"栏中选择"启动选项#1"选项。

（2）打开"启动选项#1"对话框，选择"UEFI CD/DVD"选项。

（3）返回"启动"界面，在"设定启动顺序优先级"栏中选择"启动选项#2"选项。

（4）打开"启动选项#2"对话框，选择"USB Hard Disk"选项。

（5）返回"启动"界面，单击上面的"保存并退出"按钮；打开"保存并退出"界面，在"保存并退出"栏中选择"存储变更并重新启动"选项。

（6）在打开的提示框中要求用户确认是否保存并重新启动，如图 9-8 所示，完成计算机启动顺序的设置。

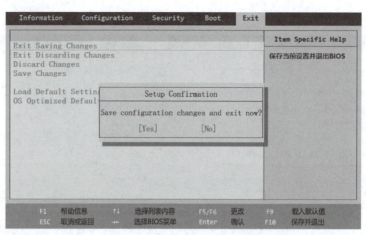

图 9-8 保存并重新启动

9.6 设置 BIOS 管理员密码

通常在 BIOS 设置中有两种密码形式：一种是管理员密码，设置这种密码后，计算机开机就需要输入该密码，否则无法开机登录；另一种是用户密码，设置这种密码后，可以正常开机使用，但进入 BIOS 需要输入该密码。下面介绍设置管理员密码的方法，具体操作如下。

（1）进入 UEFI BIOS 设置主界面，单击上面的"安全"按钮，打开"安全"界面，在"安全"栏中选择"管理员密码"选项。

（2）打开"建立新密码"对话框，输入密码。

（3）打开"确认新密码"对话框，再次输入相同的密码，如图 9-9 所示。

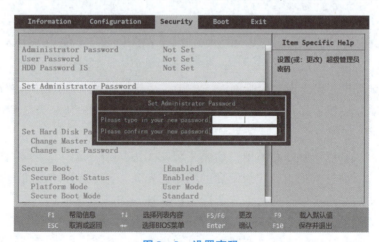

图 9-9 设置密码

（4）返回"安全"界面，显示管理员密码已设置。保存变更并重新启动计算机，将打开输入密码登录的界面，输入刚才设置的管理员密码即可启动计算机。

9.7 设置意外断电后恢复状态

通常在计算机意外断电后，需要重新启动计算机，但在 BIOS 中进行断电恢复的设置后，一旦电源恢复，计算机将自动启动。下面在 UEFI BIOS 中设置计算机自动断电后重启，具体操作如下。

（1）进入 UEFI BIOS 设置主界面，单击上面的"高级"按钮；打开"高级"界面，在"高级"栏中选择"电源管理设置"选项。

（2）在"高级/电源管理设置"栏中选择"AC 电源掉电再来电的状态"选项。

（3）打开"AC 电源掉电再来电的状态"对话框，选择"开机"选项，然后保存变更并重新启动计算机。

（4）升级 BIOS 以兼容最新硬件。

对于 UEFI BIOS 来说，可以通过升级的方式来兼容最新的计算机硬件，从而提升计算机的性能。下面升级 BIOS，具体操作如下。

进入 UEFI BIOS 设置主界面，单击上面的"M-Flash"按钮；打开"M-Flash"界面，在"M-Flash"栏中选择"选择一个用于更新 BIOS 和 ME 的文件"选项。

打开"选择 UEFI 文件"对话框，在其中选择一个要升级的文件，系统将自动升级 BIOS 并自动重新启动计算机。

如果对设置不满意，需要直接退出 BIOS，则可以在 BIOS 界面中单击"保存并退出"按钮，打开"保存并退出"界面，在"保存并退出"栏中选择"撤销改变并退出"选项；在打开的提示框中要求用户确认是否退出而不保存，单击"是"按钮。

9.8 硬盘分区

对硬盘进行分区的原因主要有以下两个方面。

引导硬盘启动。新出厂的硬盘并没有进行分区激活，这使得计算机无法对硬盘进行读写操作。在对硬盘进行分区时，可为其设置好各项物理参数，并指定硬盘的主引导记录及引导记录备份的存放位置。只有主分区中存在主引导记录，才可以正常引导硬盘启动，从而实现操作系统的安装及数据读写。

方便管理。未进行分区的新硬盘只具有一个原始分区，但随着硬盘容量越来越大，一个分区不仅会使硬盘中的数据没有条理，而且不利于发挥计算机的性能，因此有必要合理分配硬盘空间，将其划分为几个容量较小的分区。

9.8.1 分区的原则

在对硬盘进行分区时，不可盲目分配，需按照一定的原则来完成分区操作。分区的原则一般包括合理分区、实用为主和根据操作系统的特性分区等。

合理分区。合理分区是指分区数量要合理，不可过多。过多的分区将降低系统启动及读写数据的速度，并且不方便管理磁盘。

实用为主。根据实际需要来决定每个分区的容量大小，每个分区都有专门的用途。这样可以使各个分区之间的数据相互独立，不易混淆。

根据操作系统的特性分区。同一种操作系统不能支持全部类型的分区格式，因此，在分区时应考虑将要安装何种操作系统，以便合理安排。

通常可以将硬盘分为系统分区、程序分区、数据分区和备份分区这 4 个分区，除了系统分区要考虑操作系统容量外，其余分区可平均分配。

9.8.2　分区的类型

分区类型最早是在 DOS 中出现的，其作用是描述各个分区之间的关系。分区类型主要包括主分区、扩展分区与逻辑分区。

主分区。主分区是硬盘上最重要的分区。一个硬盘上最多能有 4 个主分区，但只能有一个主分区被激活。主分区被系统默认分配为 C 盘。

扩展分区。主分区以外的其他分区称为扩展分区。

逻辑分区。逻辑分区从扩展分区中分配，只有逻辑分区的文件格式与操作系统兼容时，操作系统才能访问它。逻辑分区盘符默认从 D 盘开始（前提条件是硬盘上只存在一个主分区）。

9.8.3　传统的 MBR 分区格式

主引导记录（Master Boot Record，MBR）是在磁盘上存储分区信息的一种方式，这些分区信息包含了分区从哪里开始的信息，这样操作系统才知道哪个扇区属于哪个分区及哪个分区可以启动。MBR 存在于驱动器开始部分的一个特殊的启动扇区，这个扇区包含了已安装的操作系统的启动加载器和驱动器的逻辑分区信息。如果安装了 Windows 操作系统，Windows 启动加载器的初始信息就放在该区域里。如果 MBR 的信息被覆盖而导致 Windows 操作系统不能启动，就需要使用 MBR 修复功能来使其恢复正常。MBR 支持最大 2 TB 硬盘，它无法处理大于 2 TB 容量的硬盘。MBR 只支持最多 4 个主分区，如果要有更多分区，则需要创建扩展分区，并在其中创建逻辑分区。

传统的 MBR 分区文件格式有 FAT32 与 NTFS 两种，以 NTFS 为主。NTFS 这种文件格式的硬盘分区占用的簇更小，支持的分区容量更大，并且引入了一种文件恢复机制，可最大限度地保证数据安全。Windows 系列操作系统通常都使用这种文件格式。

9.8.4　2 TB 以上容量的硬盘使用 GPT 分区格式

GPT 也称为 GUID 分区表，这是一个正逐渐取代 MBR 的新分区标准，它和 UEFI 相辅相成——UEFI 用于取代老旧的 BIOS，而 GPT 则取代老旧的 MBR。GUID 分区表的由来：驱动器上的每个分区都有全局唯一标识符（Globally Unique Identifier，GUID），这是一个随机生成的字符串，可以保证为每一个 GPT 分区都分配完全唯一的标识符。这个标准没有 MBR 的那些限制，磁盘驱动器容量可以大得多，大到操作系统和文件系统都无法支持。它同时支持几乎无限个分区，在 Windows 系统下，GPT 分区支持最多 128 个分区，而且不需要创建扩展分区。

在 MBR 磁盘上，分区和启动信息是保存在一起的。如果这部分数据被覆盖或破坏，硬盘通常就不容易恢复了。相对地，GPT 会在整个磁盘上保存多个这部分信息的副本，因此，它更为安全，并可以恢复被破坏的这部分信息。GPT 还为这些信息保存了循环冗余校验码（Cyclic Redundancy Check，CRC），以保证其完整和正确——如果数据被破坏，GPT 会发觉，并从磁盘上的其他地方恢复被破坏的数据；而 MBR 则对这些问题无能为力，只有在问题出现后，才会发现计算机无法启动，或磁盘分区都不翼而飞了。

9.8.5 使用 DiskGenius 为 512 GB 硬盘分区

DiskGenius 是 Windows PE 操作系统中自带的专业硬盘分区软件，可以对目前所有容量的硬盘进行分区。2 TB 是硬盘分区的分水岭，512 GB 少于 2 TB，可以使用 MBR 的分区格式。下面通过 U 盘启动计算机，并使用 DiskGenius 为 512 GB 的硬盘进行分区，具体操作如下。

（1）启动计算机，在 BIOS 中设置 U 盘为第一启动驱动器（相关操作在前面已经详细讲解过，这里不再赘述），然后插入制作好的 U 盘启动盘，重新启动计算机。计算机将通过 U 盘中的启动程序启动，进入启动程序的菜单选择界面，按方向键选择"【1】启动 Win10X64 PE(2G 以上内存)"选项，按 Enter 键，如图 9-10 所示。

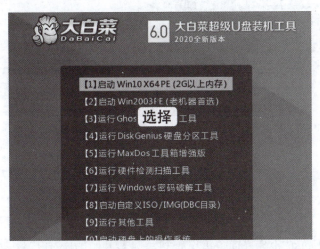

图 9-10 选择"【1】启动 Win10X64 PE(2G 以上内存)"选项

（2）单击"开始"菜单，选择"分区工具"中的"分区助手（无损）"选项，如图 9-11 所示。

（3）打开软件的工作界面，在左侧的列表框中选择需要分区的硬盘；单击硬盘对应的区域；单击"新建分区"按钮，如图 9-12（a）所示。

（4）打开"建立新分区"对话框，在"请选择分区类型"栏中选中"主磁盘分区"单选项；在"请选择文件系统类型"下拉列表框中选择"NTFS"选项；在"新分区大小"数值框中输入"20"；在右侧的下拉列表框中选择"GB"选项；单击"确定"按钮，如图 9-12（b）所示。

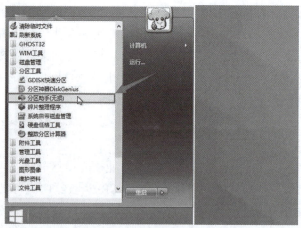

图 9-11 选择"分区助手（无损）"选项

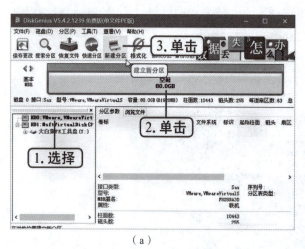

（a） （b）

图 9-12 新建分区

（5）返回 DiskGenius 工作界面，可以看到已经划分好的硬盘主磁盘分区。继续单击空闲的硬盘空间；单击"新建分区"按钮，如图 9-13（a）所示。

（6）打开"建立新分区"对话框，在"请选择分区类型"栏中选中"扩展磁盘分区"单选项；在"请选择文件系统类型"下拉列表框中选择"Extend"选项；在"新分区大小"数值框中输入"60"；在右侧的下拉列表框中选择"GB"选项；单击"确定"按钮，如图 9-13（b）所示。

（7）返回 DiskGenius 工作界面，可以看到已经将刚才选择的硬盘空闲分区划分为扩展硬盘分区。继续单击空闲的硬盘空间；单击"新建分区"按钮。

（8）打开"建立新分区"对话框，在"请选择分区类型"栏中选中"逻辑分区"单选项；在"请选择文件系统类型"下拉列表框中选择"NTFS"选项；在"新分区大小"数值框中输入"10"；在右侧的下拉列表框中选择"GB"选项；单击"确定"按钮。

任务九　BIOS 设置及硬盘分区

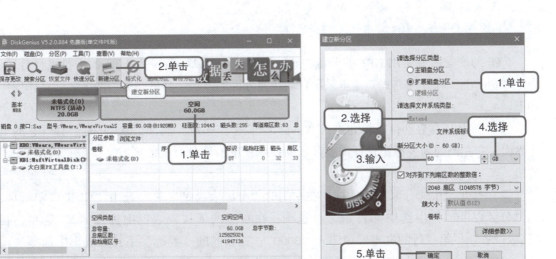

(a)　　　　　　　　　　　　　　　　(b)

图 9 – 13　设置分区大小

(9) 返回 DiskGenius 工作界面，可以看到已经从刚才选择的硬盘空闲分区划分出了一个逻辑分区。继续单击剩余的空闲硬盘空间；单击"新建分区"按钮。

(10) 打开"建立新分区"对话框，在"请选择分区类型"栏中选中"逻辑分区"单选项；在"请选择文件系统类型"下拉列表框中选择"NTFS"选项；在"新分区大小"数值框中输入"50"；在右侧的下拉列表框中选择"GB"选项，单击"确定"按钮。

(11) 返回 DiskGenius 工作界面，可以看到已经将硬盘划分为 3 个分区。单击"保存更改"按钮，如图 9 – 14（a）所示。

(12) 弹出提示框，要求用户确认是否保存分区的更改，单击"是"按钮，如图 9 – 14（b）所示。

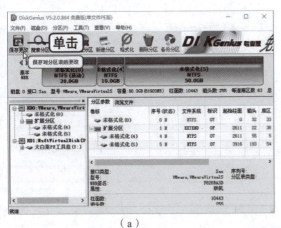 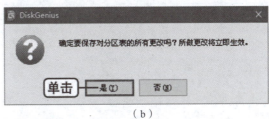

(a)　　　　　　　　　　　　　　　　(b)

图 9 – 14　保存分区更改

(13) 弹出提示框，询问用户是否对新建立的硬盘分区进行格式化，单击"否"按钮。

(14) 返回 DiskGenius 工作界面，可以看到硬盘分区的最终效果。

9.8.6 使用 DiskGenius 为 8 TB 硬盘分区

8 TB 的硬盘需要使用 GPT 的分区格式，下面使用 DiskGenius 为 8 TB 的硬盘进行分区。为了区别于上一种分区方式，这里采用自动快速分区的方法，将硬盘分为两个区，具体操作如下。

（1）利用 U 盘启动计算机并进入 Windows PE 操作系统，启动 DiskGenius，打开它的工作界面，在左侧的列表框中选择需要分区的硬盘；单击硬盘对应的区域；单击"快速分区"按钮。

（2）打开"快速分区"对话框，在左侧的"分区表类型"栏中选中"GUID"单选项，在"分区数目"栏中选中"自定"单选项；在右侧的下拉列表框中选择"2"选项，在"高级设置"栏第一行的文本框中输入"3000"；在右侧的"卷标"下拉列表框中选择"系统"选项；在"高级设置"栏第二行的文本框中输入"5000"；在右侧的"卷标"下拉列表框中选择"数据"选项；选中"对齐分区到此扇区数的整数倍"复选框。单击"确定"按钮。

（3）DiskGenius 开始按照设置对硬盘进行快速分区，分区完成后，会自动对分区进行格式化操作。

（4）返回 DiskGenius 工作界面，可以看到硬盘分区的最终效果。

任务十

驱动程序及常见软件的安装

学习情境描述

驱动程序是设备驱动程序（Device Driver）的简称，它其实是添加到操作系统中的一小段代码，其作用是给操作系统解释如何使用该硬件设备，其中包含有关硬件设备的信息。如果没有驱动程序，计算机中的硬件就无法正常工作。通过本任务的学习，读者可以掌握计算机中各种硬件驱动程序的安装方法。

学习目标

（1）了解什么是驱动程序。
（2）了解如何获取驱动程序。
（3）能熟练掌握驱动程序的安装方法。
（4）能熟练掌握驱动程序的安装顺序。
（5）掌握常见软件的安装方法。

任务书

了解什么是驱动程序，讨论如何获取驱动程序、驱动程序的安装顺序、驱动程序的安装方法、常见软件的安装。

任务分组

学生任务分配表

班级		组号		教师	
组长		学号			
组员		姓名	学号	姓名	学号
任务分工					

工作准备

(1) 阅读任务书,整理常见的应用软件,根据特点进行讨论并分类,填写记录。

(2) 上网收集驱动程序的发展史,讨论驱动程序的工作原理、区分结构的方法,并根据自己的感受讨论驱动程序的安装方法。

(3) 结合任务书分析本节课的难点和常见问题。

工作实施

引导问题1:什么是驱动程序?

_____

_____

_____

引导问题2:如何获取驱动程序?

_____

_____

_____

引导问题3:驱动程序的安装方法是什么?

_____

_____

_____

引导问题4:驱动程序的安装顺序是什么?

_____

_____

_____

引导问题5:日常工作、学习所使用的计算机常用的软件有哪些?

_____

_____

_____

引导问题6:软件的卸载方法有哪些?

_____

_____

评价反馈

学生进行自评,评价自己是否能完成本节课的学习,有无任务遗漏。教师对学生进行的评价内容包括:报告书写是否工整规范、内容数据是否真实合理、是否起到了实训的作用。

(1) 学生进行自我评价,并将结果填入学生自测表中。

学生自测表

班级:　　　　　　　　姓名:　　　　　　　　学号:

学习情境	驱动程序及常见软件的安装		
评价项目	评价标准	分值	得分
什么是驱动程序	能正确理解驱动程序的作用	10	
驱动程序的获取	能正确认知获取驱动程序的方法	10	
驱动程序的安装	能掌握驱动程序的安装方法	15	
驱动程序的安装顺序	能正确认知驱动程序的安装顺序	15	
常见软件的安装与卸载	能熟练掌握常见软件的安装与卸载	15	
工作态度	态度端正,无无故缺勤、迟到、早退现象	5	
工作质量	能按计划完成工作任务	10	
协调能力	与小组成员、同学之间能合作交流,协调工作	5	
职业素养	能做到爱护公物,文明操作	10	
创新意识	通过查阅资料,能更好地理解本节课的内容	5	
合计		100	

(2) 学生以小组为单位,对以上学习情境的过程与结果进行互评,将互评结果填入学生互评表。

学生互评表

学习情境		驱动程序及常见软件的安装											
评价项目	分值	等级							评价对象(组别)				
									1	2	3	4	5	6
计划合理	8	优	8	良	7	中	6	差	4					
方案准确	8	优	8	良	7	中	6	差	4					
团队合作	8	优	8	良	7	中	6	差	4					

续表

学习情境		驱动程序及常见软件的安装												
评价项目	分值	等级							评价对象（组别）					
									1	2	3	4	5	6
组织有序	8	优	8	良	7	中	6	差	4					
工作质量	8	优	8	良	7	中	6	差	4					
工作效率	8	优	8	良	7	中	6	差	4					
工作完整	10	优	10	良	8	中	5	差	2					
工作规范	16	优	16	良	12	中	10	差	5					
识读报告	16	优	16	良	12	中	10	差	5					
成果展示	10	优	10	良	8	中	5	差	2					
合计	100													

（3）教师对学生工作过程与工作结果进行评价，并将评价结果填入教师综合评价表中。

教师综合评价表

班级：		姓名：	学号：	
学习情境			驱动程序及常见软件的安装	
评价项目		评价标准	分值	得分
考勤		无无故迟到、旷课、早退现象	10	
工作过程	什么是驱动程序	能正确理解驱动程序的作用	10	
	驱动程序的获取	能正确认知获取驱动程序的方法	15	
	驱动程序的安装	能掌握驱动程序的安装方法	15	
	驱动程序的安装顺序	能正确认知驱动程序的安装顺序	15	
	常见软件的安装与卸载	能熟练掌握常见软件的安装卸载	10	
项目成果	工作完整	能按时完成任务	5	
	工作规范	能按要求完成任务	5	
	成果展示	能准确表达、汇报工作成果	15	
合计			100	

任务十 驱动程序及常见软件的安装

拓展思考题

（1）驱动程序不稳定的影响因素有哪些？
_____
_____

（2）第三方驱动软件的优、缺点分别是什么？
_____
_____
_____

 学习情境的相关知识点

10.1 驱动程序

在 Windows 10 操作系统桌面上的"此电脑"图标上单击鼠标右键，在弹出的快捷菜单中选择"属性"命令，打开"系统"窗口，在左侧的"控制面板主页"任务窗格中单击"设备管理器"超链接，打开"设备管理器"窗口，可查看已经安装的硬件设备及驱动程序。

10.1.1 光盘安装驱动程序

在购买硬件设备时，在其包装盒内通常会附带一张安装光盘，通过该光盘可以安装硬件设备的驱动程序。用户需妥善保管驱动程序的安装光盘，方便以后重装系统时再次安装驱动程序。

10.1.2 网络下载驱动程序

网络已经成为人们工作和生活的一部分，在网络中可方便地获取各种资源，驱动程序也不例外，通过网络可查找和下载各种硬件设备的驱动程序。在网上主要可通过以下两种方式获取硬件的驱动程序。

①访问硬件厂商的官方网站。在硬件厂商的官方网站可找到驱动程序的各种版本。

②访问专业的驱动程序下载网站。最著名的专业驱动程序下载网站是"驱动之家"，在该网站中几乎能找到所有硬件设备的驱动程序，并且有多个版本供用户选择。

10.1.3 通过软件安装驱动程序

Windows 10 操作系统基本上自带了大部分硬件的驱动程序，普通用户安装 Windows 10 操作系统后，可以通过专门的驱动安装升级软件来安装和升级计算机的驱动程序，如图 10-1 所示。下面以 360 驱动大师为例来安装驱动程序，具体操作如下。

图 10-1 通过软件安装驱动程序

（1）启动在计算机中安装的 360 驱动大师，软件将自动检测计算机硬件，找到需要安装和可以升级的驱动程序，并提示用户选择需要升级的声卡驱动程序，在其选项右侧单击"升级"按钮。

（2）开始备份已经安装的声卡驱动程序，然后下载最新的驱动程序进行安装。

（3）安装完成后，提示需要重新启动计算机才能使驱动生效，单击"重新启动"按钮。重新启动计算机后，即可完成声卡驱动程序的升级安装。

10.1.4 安装网上下载的驱动程序

网上下载的驱动程序通常保存在硬盘或 U 盘中，直接找到并启动其安装程序即可进行安装。下面以安装从网上下载的声卡驱动程序为例进行介绍，具体操作如下。

（1）在硬盘或 U 盘中找到下载的声卡驱动程序，双击安装程序，打开声卡驱动程序的安装界面，单击"下一步"按钮，如图 10-2（a）所示。

（2）驱动程序开始检测计算机的声卡设备，并显示进度。

（3）检测完毕，开始安装声卡驱动程序。

（4）安装完成后，保持默认设置，单击"完成"按钮，如图 10-2（b）所示。重新启动计算机后，完成声卡驱动程序的安装操作。

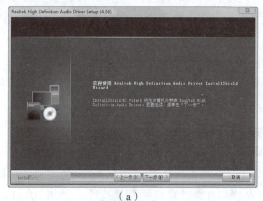
（a）

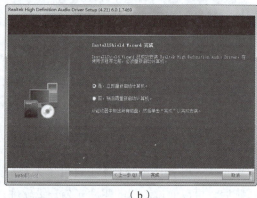
（b）

图 10-2 安装网上下载的驱动程序

10.2 常用软件的安装

安装常用软件是组装计算机的最后一步，只有安装了软件，计算机才能进行各种操作。如安装 Office 软件进行文档制作和数据计算，安装 Photoshop 软件进行图形绘制和图像处理，安装 360 安全卫士软件进行系统维护和安全保证等。

安装常用软件前，需要了解软件的安装方式。软件安装主要是指将软件安装到计算机中的过程，由于软件的获取途径主要有两种，所以其安装方式也主要分为通过向导安装和解压安装两种。

通过向导安装。在软件专卖店购买的软件均采用向导安装的方式进行安装。这种安装方式的特点是可运行相应的可执行文件来启动安装向导，然后在安装向导的提示下安装。

解压安装。在网络上下载软件时，为了加快网络传输速度，一般都会制作成压缩包。这类软件使用解压缩软件解压到一个目录后，一些需要通过安装向导进行安装，另一些（如绿色软件）直接运行主程序就可以启动。

软件的类型虽然很多，但其安装过程大致相似。下面以安装从网上下载的驱动人生软件为例，讲解安装软件的基本方法。

具体操作如下。

(1) 双击安装程序，打开程序的安装界面，选中"已阅读并同意许可协议"复选框，单击"自定义安装"超链接展开界面，在"安装目录"文本框中设置程序的安装位置，单击"立即安装"按钮，如图 10-3 (a) 所示。

(2) 开始安装驱动人生软件，并显示安装进度，如图 10-3 (b) 所示。

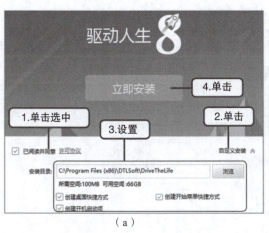
（a）

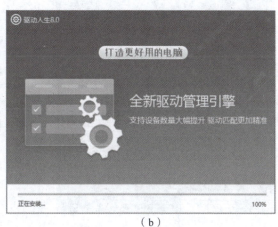
（b）

图 10-3　安装软件的基本方法

(3) 安装完成后给出提示，单击"立即启动"按钮，如图 10-4 (a) 所示。

(4) 直接启动该软件，进入其操作界面，如图 10-4 (b) 所示。

(a) (b)

图 10－4　安装完成

10.3　卸载软件

用户在使用安装的应用软件后，若对其不满意或不需要再使用该应用软件，可以将其从计算机中卸载，以释放磁盘空间。卸载软件的操作通常都在"控制面板"窗口中进行。下面以卸载驱动人生软件为例来介绍卸载软件的方法。

（1）在操作系统界面中单击"开始"按钮，在打开的"开始"菜单中选择"Windows 系统"命令，在打开的子菜单中选择"控制面板"命令，如图 10－5（a）所示。

（2）打开"控制面板"窗口，在"程序"栏中单击"卸载程序"超链接，如图 10－5（b）所示。

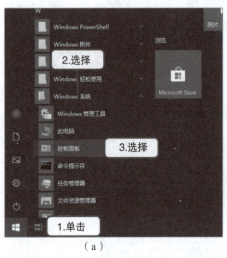
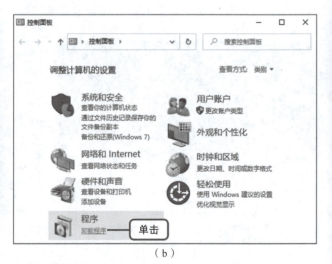

(a) (b)

图 10－5　卸载软件具体操作

（3）打开"卸载或更改程序"界面，在列表框中选择"驱动人生"选项，单击"卸载"按钮，如图 10－6（a）所示。

（4）Windows 10 操作系统的用户账户控制程序要求用户确认卸载操作，在弹出的提示框中单击"是"按钮,打开"驱动人生-卸载"对话框,单击"卸载"按钮,如图10-6(b)所示。

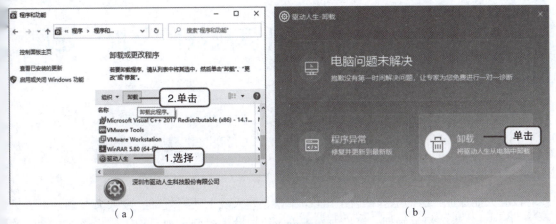

图 10-6　卸载完成

(5) 在打开的对话框中输入卸载的原因和设置卸载选项,单击"卸载"按钮。

(6) 卸载完成后,单击"再见"按钮,完成驱动人生软件的卸载操作。

任务十一

计算机故障分析与处理

学习情境描述

没有人能保证自己的电脑一直不出现故障。"昨天晚上还好好的,今天突然就开不了机了。"拿到计算机公司去修理,第一花费不少,第二耽误时间。如果你了解出现这些故障的原因,不但可以帮助你和你的朋友维修计算机,还能延长计算机的使用寿命。

学习目标

(1) 了解计算机故障的分类。
(2) 了解计算机故障的判断。
(3) 能熟练掌握常见故障的解决办法。

任务书

了解计算机故障的分类,了解如何判断计算机故障类型,讨论常见故障的解决方法。

任务分组

学生任务分配表

班级		组号		教师	
组长		学号			
组员		姓名	学号	姓名	学号
任务分工					

工作准备

(1) 阅读任务书,整理常见的计算机故障,根据特点进行讨论并分类,填写记录。

（2）上网收集资料，讨论故障的判断方法和思路、区分故障类别的方法，并整理出常见故障的解决办法。

（3）结合任务书分析本节课的难点和常见问题。

工作实施

引导问题1：硬件故障的表现是什么？

_____
_____
_____
_____

引导问题2：软件故障的表现是什么？

_____
_____
_____
_____

引导问题3：常见故障的解决方法是什么？

_____
_____
_____
_____
_____
_____

评价反馈

学生进行自评，评价自己是否能完成本节课的学习，有无任务遗漏。教师对学生进行的评价内容包括：报告书写是否工整规范、内容数据是否真实合理、是否起到了实训的作用。

（1）学生进行自我评价，并将结果填入学生自测表中。

学生自测表

班级：		姓名：	学号：	
学习情境		计算机故障分析与处理		
评价项目		评价标准	分值	得分
计算机故障分析		能正确分析计算机故障类型	10	
硬件故障		能正确认知硬件故障的表现	10	

续表

班级：	姓名：	学号：		
学习情境	计算机故障分析与处理			
评价项目	评价标准		分值	得分
软件故障	能正确认知软件故障的表现		15	
维修思路	能正确理解计算机故障的维修思路		15	
处理方法	能熟练掌握常见故障的解决办法		15	
工作态度	态度端正，无无故缺勤、迟到、早退现象		5	
工作质量	能按计划完成工作任务		10	
协调能力	与小组成员、同学之间能合作交流，协调工作		5	
职业素养	能做到爱护公物，文明操作		10	
创新意识	通过查阅资料，能更好地理解本节课的内容		5	
合计			100	

（2）学生以小组为单位，对以上学习情境的过程与结果进行互评，将互评结果填入学生互评表。

学生互评表

学习情境		计算机故障分析与处理											
评价项目	分值	等级							评价对象（组别）				
									1	2	3	4	5	6
计划合理	8	优	8	良	7	中	6	差	4					
方案准确	8	优	8	良	7	中	6	差	4					
团队合作	8	优	8	良	7	中	6	差	4					
组织有序	8	优	8	良	7	中	6	差	4					
工作质量	8	优	8	良	7	中	6	差	4					
工作效率	8	优	8	良	7	中	6	差	4					
工作完整	10	优	10	良	8	中	5	差	2					
工作规范	16	优	16	良	12	中	10	差	5					
识读报告	16	优	16	良	12	中	10	差	5					
成果展示	10	优	10	良	8	中	5	差	2					
合计	100													

（3）教师对学生工作过程与工作结果进行评价，并将评价结果填入教师综合评价表中。

教师综合评价表

班级：		姓名：	学号：		
学习情境			计算机故障分析与处理		
	评价项目		评价标准	分值	得分
	考勤		无无故迟到、旷课、早退现象	10	
工作过程	计算机故障分析		能正确理解驱动程序的作用	10	
	硬件故障		能正确认知获取驱动程序的方法	15	
	软件故障		能掌握驱动程序的安装方法	15	
	维修思路		能正确认知驱动程序的安装顺序	15	
	处理方法		能熟练掌握常见软件的安装和卸载	10	
项目成果	工作完整		能按时完成任务	5	
	工作规范		能按要求完成任务	5	
	成果展示		能准确表达、汇报工作成果	15	
合计				100	

> **学习情境的相关知识点**

11.1 计算机故障分析

计算机发生故障的原因大致可以分为由 Windows 或应用程序出现错误引起的软件故障和由硬件带来的硬件故障两种。其中，由于操作不当和软件错误带来的故障又占了计算机故障的绝大部分。

那么如何判断是软件故障还是硬件故障呢？一般情况下，当计算机进行某个特定操作或运行某个软件时发生错误，是软件故障；在计算机开关机时发生错误或无规律发生错误，则很有可能是由硬件故障引起的。

计算机在没有受到外力冲撞和没有连接不稳定的电源时，原来运行正常的硬件几乎不会发生故障。

如果原来运行正常的计算机突然出现故障，电源稳定，并且没有外力冲撞，那么可能的原因有以下几种：硬件本身存在稳定性隐患、由操作不当导致运行错误、灰尘带来的设备短路、静电带来的设备损坏。

11.2　软件故障

软件故障主要包括 Windows 系统错误、应用程序错误、网络故障和安全故障。造成 Windows 系统错误的主要原因有：使用盗版 Windows 光盘、安装过程不正确、误操作造成系统损坏、非法程序造成系统文件丢失等。这些方面的问题都可以通过重新安装 Windows 系统来修复。

造成应用程序错误的主要原因有：版本与当前系统不兼容、版本与计算机设备不兼容、应用程序与其他程序冲突、缺少运行环境文件、应用程序自身存在错误等。

安装应用程序前，先确认该程序是否适用于当前系统，比如适用于 Windows 7 的应用程序在 Windows XP 下无法运行。再确认应用程序是否是正规软件公司制作的，因为现在网上很多由个人或不正规软件公司设计的程序自身存在很多缺陷，更严重的还会带有病毒或木马程序。这样的软件不但会由于自身缺陷致使无法正常使用，而且很有可能造成系统瘫痪。

网络故障的原因有两个方面：网络连接的硬件基础问题和网络设置问题。

造成安全问题的主要原因有：隐私泄露、感染病毒、黑客袭击、木马攻击等。

11.3　硬件故障

导致计算机硬件故障的主要因素有电、热、灰尘、静电、物理损坏、安装不当、使用不当，几乎所有的计算机故障都可以从以上因素中找到原因。弄清引发问题的原因，并提前预防，就能有效地防止硬件故障带来的损害，延长计算机的使用年限。

11.3.1　供电引起的硬件故障

供电引起的硬件故障在计算机故障中是比较常见的，主要是过电压、过电流、突然断电、连接错误的电源等。

过电压、过电流指的是，在计算机运行期间，电压和电流突然变大或变小，这对计算机来说是致命的灾难。比如，供电线路突然遭到雷击，电压一瞬间超过 10 亿伏特，电流超过 3 万安培，不但计算机等电器会被损坏，还会发生剧烈的爆炸，所以，在雷雨时，使用计算机是十分危险的。再比如，计算机正常运行期间，周围的大型电器突然开启或停止，这也会使计算机工作电压瞬间升高或降低，可能造成计算机硬件的损坏。

要避免因为过电压、过电流而引起的硬件损坏，除了要注意计算机的周围环境以外，还要使用带有防雷击、防过载的电源插座。

在普通的电源插座中，电线直接连接到导电铜片上，而在三防（防雷击、防过压、防过流）或五防（防止误分/合断路器；防止带负荷分/合隔离开关；防止带电挂（合）接地线（接地开关）；防止带接地线（接地开关）合断路器；防止误入带电间隔）插座中，有专门针对过电压、过电流的电路设计，可以很好地保护计算机在电源不稳时避免损坏硬件。还要注意，不要将家用电器与计算机插在同一个插座上，避免开关电器时电压、电流变化对计算机带来影响。

11.3.2 过热引起硬件异常

计算机内部有很多会发热的芯片、电动机等设备，正常情况下，一定量的发热不会影响计算机使用，但是如果出现了非正常的发热，就可能会导致硬件损坏或过压短路，不但损坏计算机硬件，还有可能损坏其他家用电器。

要防止计算机过热的情况，就要经常检查计算机中的发热设备，比如 CPU、显卡核心芯片、主板芯片组上的风扇、机箱风扇等。如果风扇上积了太多的灰尘，就会影响散热的效果，必须及时清理。

11.3.3 灰尘积累导致电路短路

灰尘是计算机致命的敌人。查看计算机内部，就会发现各个电路上的金属排线纵横交错，电流是通过这些金属线在各部件间传递的，如果灰尘覆盖在金属线上，就可能阻碍电流的传递。

计算机设备在通电时大多会产生电磁场，细微的灰尘就更容易吸附在设备上，所以定期清理计算机中的灰尘是十分必要的。使用专用的吹风机皮球或灌装的压缩空气，配合软毛小刷子，可以有效地清除沉积的灰尘。

11.3.4 使用不当导致的计算机故障

使用不当主要有几个方面，比如，计算机被外力冲击、经常震动主机、使用环境较差等。在潮湿的环境中，空气中的水气与灰尘一样，会附着在计算机硬件上，从而导致电路短路和不畅。

再比如，在计算机前抽烟，香烟的烟雾中含有胶状物质，计算机长期处在烟雾中，会导致关键硬件的污损。其中硬盘是最容易由烟雾而引发故障的设备。

又如，计算机摆放的地方不是水平的。如果计算机长期运行在倾斜、倒置等状态下，就会造成一些设备故障。主要是需要高速旋转的电动机、风扇等，长时间倾斜不但会使噪声增大，还会导致这些设备更容易出现故障和寿命降低。

计算机与其他物体的距离太近，也会导致互相干扰。在摆放计算机时，最好与其他物体，如墙壁、柜子等保持 5~10 cm 的距离。

最后注意机箱静电。计算机运行时，本身会通过大量电流，导致机箱也很容易带上静电，计算机电源有一条线，可以将计算机所带的静电通过电源插座的接地功能释放掉。如果使用两个插孔的电源插座，就无法释放计算机上的静电，所以最好在计算机机箱上连接一条导电的电线或铁丝，另一端连接到墙上或地上。

11.3.5 安装不当导致计算机损坏

安装不当会导致计算机不能开机，如果拆装计算机的不是专业人员，就有可能造成安装不当或运行不稳。

计算机的主要设备是插在主板上的板卡和通过导线连接接口的设备。如果连接不正确，就可能导致硬件故障或硬件损毁，所以，安装之前一定要了解安插的接口和位置。

11.3.6 元件物理损坏导致故障

随着计算机的大众化，计算机硬件的品质也出现了明显的差别，一个设备便宜的几十元，贵的上千元。有些设备在出厂时就带有稳定性的隐患，有的是因为虚焊，有的是因为元件的质量差等，这些设备刚开始可能可以正常使用，但随着计算机使用久了，这些部件就会频繁出现各种各样的故障。计算机中的发热部件很多，像 CPU、芯片组都是发热大户，有些部件在长期高温的环境下就会出现虚焊、烧毁等情况。

11.3.7 静电导致元件被击穿

计算机中的部件对静电非常敏感。计算机使用的都是 220 V 的市电，但静电一般高达几万伏，在接触计算机部件的一瞬间，可能就会造成计算机设备的静电击穿。因此，在接触计算机内部前，必须用水洗手或用手摸一下墙、暖气、铁管等，能够将静电引到地面的物体。计算机所使用的电源插座最好也是带有地线的三相插座。计算机中的设备众多，发生故障的原因也多样，所以，计算机维修是一项很复杂的技术。在开始计算机维修之前，必须先要了解维修的基础知识。下一节将介绍计算机维修的基本思路和分析方法，然后介绍常用的维修工具。

11.4 维修思路

维修思路是维修计算机时所遵循的一系列思考方法和基本原则。因为计算机本身包含了很多设备，维修难度大，如果没有一个清晰的思路，很容易把简单的问题复杂化，而复杂的问题又解决不了。

维修思路的基本原则是：先简单后复杂，先分析后动手，先软件后硬件。

11.4.1 先简单后复杂

先简单后复杂是指，处理故障计算机时，要先从简单的事做起，这样既有利于集中精力，又有利于故障的判断和定位。

这里所说的简单是指：

（1）检查计算机的外部环境，包括故障现象、电源插座、计算机主机与显示器等外设的连接、计算机环境周围的温度和湿度。

（2）查看计算机的系统和资源：使用的是什么系统、安装了什么软件。

（3）查看计算机的硬件配置：安装了何种硬件以及硬件的驱动程序版本。

（4）检查计算机主机机箱内部环境，包括灰尘、连接电源线和数据线、设备器件的外观颜色、设备有没有变形、指示灯的状态。

11.4.2 先分析后动手

先分析后动手是指，处理故障时，先问清故障的情况，尽量查看相关的技术资料。然后结合自身的经验，推导出故障大概的原因，再进行动手检测和维修。

11.4.3 先软件后硬件

先软件后硬件指的是，在处理故障时，应该先检查软件方面，比如，应用软件是否正常、操作系统是否正常、系统设置是否正常等；再进行硬件方面的检查，比如硬件是否存在冲突、参数设置是否正确、BIOS 设置是否正确、是否有硬件损坏等。

11.5 常用处理方法

在处理故障时，经常会用到一些分析、排查故障的方法，下面介绍一些常用方法。

11.5.1 观察法

观察法是通过眼看设备外观、耳听电动机声音、手摸感觉震动、鼻闻有无烧焦糊味的方法来检查比较明显的计算机故障。观察时，一定要仔细和全面。通常需要观察以下的内容：

（1）电源环境：供电是否稳定、使用的电源插座是否符合要求、插座上有没有其他电器。

（2）电磁干扰：计算机周围有没有大功率用电器、有没有高压电线、是否离其他物体过近。

（3）使用环境：计算机摆放场所的温度、湿度是否过大，灰尘是否过多。

（4）在计算机通电时，元器件有无升温、异味、冒烟等。

（5）在维修前应该先除尘。

11.5.2 拔插法

拔插法是最常用的维修方法之一。拔插法，顾名思义，就是将怀疑有故障的板卡拔下，再开机测试。如果故障解除了，那么拔下的板卡就是故障的出处。如果没有解除，就再拔下其他板卡。如果怀疑有的板卡在插槽中松动或接触不良，也可以用拔插法来检测。

11.5.3 硬件最小系统法

最小系统法是检测时最常用且关键的检测方法。硬件最小系统是拔掉主板上所有的设备，最后只留主板电源和 CPU（带散热器）。用螺丝刀短接 PWRSW（主板上的电源开关插针），使计算机启动，因为没有内存和显卡，所以只能启动到检查内存这一步，但只要这三个设备能够启动，就说明故障不是出在主板、CPU 和电源上。这里需要注意的是，对于现在一些新型的计算机，CPU 中集成了内存控制器。如果不插内存，也是不能开机的，这样就必须插上内存后再测试。检测完上面三个设备后，关闭电源。在主板上插上内存、显卡（连接到显示器），再开机测试，如果显示器上出现检测显卡和内存的信息，就说明显卡和内存没有问题，否则，故障就在它们身上，可以对显卡和内存一一进行测试。

11.5.4 软件最小系统法

软件最小系统法指的是，可以装载系统的最低的硬件要求，这里包含电源、主板、CPU（带散热器）、内存、显卡（连接显示器）和硬盘。

在硬盘中最好装上纯净的 Windows 系统，不要使用 Ghost 版的系统，因为 Ghost 版的 Windows 本身就存在着很多的问题。

如果这些设备在开机测试时，可以正常地进入 Windows 系统，就说明故障不是出现在这些设备上的，否则，就说明这些设备中有故障。软件最小系统法与逐步添加法配合使用能够更好地检测故障的出处。

11.5.5 逐步添加法和逐步去除法

逐步添加法是在最小系统法的基础上逐一添加设备，并开机测试，测试出哪一步有故障现象，从而就能定位故障设备。逐步去除法与之相反，是在所有设备都连接的情况下，逐一拔掉设备，来判断故障的出处。逐步添加法和逐步去除法要配合最小系统法才能达到最好的效果。

11.5.6 替换法

替换法是使用好的、运行正常的设备替换掉怀疑出现故障的设备，再进行测试。替换用的设备可以使用相同型号，也可以使用不同的型号。要遵循先简单后复杂的原则，先替换数据线、电源线，再替换疑似故障的设备，最后替换供电设备。

11.5.7 清洁法

在计算机运行过程中，灰尘会带来恶劣的影响。灰尘的积累能使电路板腐蚀、设备间接触不良，甚至导致线路短路。通过对主板、显卡、内存等部件的清洁除尘，可以解决大多数的不知名故障。

即使不是由灰尘导致的计算机故障，在维修之前也应该先清除灰尘再进行维修，以避免灰尘在维修过程中进入板卡插槽或阻碍焊接等事故。

11.6 快速诊断计算机无法开机故障

计算机无法开机故障可能是由电源问题、主板电源开关问题、主板开机电路问题等引起的，需要逐一排除查找原因。

（1）检查计算机的外接电源（插线板等），确定没有问题后，打开主机机箱，检查主板电源接口和机箱开关线连接是否正常。

（2）如果正常，接着查看主机箱内有无多余的金属物或观察主板是否与机箱外壳接触，如果主机箱内有多余的金属物或主板与机箱外壳接触，应避免，因为这些问题都会造成主板短路保护而不能开机。

（3）如果第（2）步中检查的部分没有问题，则拔掉主板电源开关线，用螺丝刀将主板电源开关短接，这样可以测试是否为开关线损坏。

（4）如果短接开关针后计算机开机了，则是主机箱中的电源开关问题（开关线损坏或开关损坏）；如果短接开关针后计算机依然不开机，则可能是电源问题或主板电路问题。

（5）简单试接电源，将主板供电接口拔下，用镊子将 ATX 电源中的主板电源接头线孔和旁边的黑线孔（最好是隔一个线孔）连接，使 PS–ON 针脚接地（即启动 ATX 电源）后，观察电源的风扇是否转动。

（6）如果 ATX 电源没有反应，则可能是 ATX 电源损坏；如果 ATX 电源风扇转动，则可是主板电路的问题。

（7）将 ATX 电源插到主板电源接口中，然后用镊子插在主板电源插座的绿线孔和旁边的线孔，使 PS–ON 针脚接地，强行开机，查看是否能开机。

（8）如果能开机，则是主板开机电路故障，检查主板开机电路中损坏的元器件（一般是电路、开机晶体管损坏或 I/O 设备损坏）。如果依然无法开机，则是主板 CPU 供电问题，或是复位电路问题，或是由时钟电路引起的，检查这些电路，以排除故障。

11.7 计算机黑屏不开机故障诊断与维修

计算机开机黑屏故障是最让人头疼的一类故障，因为显示屏中没有显示任何故障信息，如果主机也没有报警声提示（指示灯亮），则将会让维修人员难以入手。解决此类故障一般要综合应用最小系统法、交换法、拔插法等。具体操作时，可以从主机供电问题、显示器问题、主机内部问题等方面进行分析。

11.7.1 检查主机供电问题

计算机是通过有效供电才能正常使用的机器。这个问题看起来十分简单，但是在主机不能启动的时候，首先要想到的就是主机供电是否正常。

在确认室内供电正常的情况下，检查连接计算机各种设备的插座、开关是否正常工作。

第 1 步：检查线路是否正常连接在插座上。

通常情况下，用户习惯将主机电源线、显示器电源线、Modem 变压器、音响电源线等插在一个插座上，这样就很容易出现线路没有插好的情况。所以，首先要检查的就是插座上的各种线路是否正常地插在插座上。

第 2 步：检查插座是否完好。

在确认各种线路是正常地连接在插座上之后，如果问题还没有解决，就要确认插座本身是否出现了损坏。因为雷电、突然断电、电流过大等原因会造成插座的短路或者损坏，这时可以通过测电笔对插座进行简单的测试。如果是由插座损坏引起的，那么就要更换新的插座。用于计算机供电的插座，一定要质量好，并且功能完善。因为突然断电或者电压不稳会对计算机造成很严重的伤害。

第 3 步：确认电源开关是否打开。

有些电源会配置一个电源开关，如果这个开关没有打开，那么计算机主机就不能得到正常供电。所以，在检查计算机主机供电的时候，要确认主机电源的开关是打开的。

11.7.2　检查主机 ATX 电源问题

主机 ATX 电源故障通常会出现两种情况：一种是正常启动计算机之后，电源风扇完全不动；另一种情况则是只转动一两下便停下来。

电源风扇完全不动说明电源没有输出电压，这种情况比较复杂，有可能是电源内部线路或者元器件损坏，也有可能是电源内部灰尘过多，造成了短路或者接触不良。电源风扇只转动一两下便停下来，可能是因为电源内部或者主板等其他开机电路存在故障，没有激发电源工作，也有可能是设备短路、连接异常，使电源自我保护而无法正常工作。

这两种故障情况可以通过一个简单的诊断方法来辨别。首先将主板上的 ATX 电源接口拔下，然后用镊子或导线将 ATX 电源接口中的绿线孔和旁边的黑线孔（最好是隔一个线孔）连接，观察 ATX 电源的风扇是否转动。如果 ATX 电源没有反应，则可能是 ATX 电源内部出现问题；如果 ATX 电源风扇转动，则说明 ATX 电源启动正常，可能是计算机主板中的电路出现问题。

11.7.3　检查显示器问题

相对来说，由显示器问题引起的黑屏是比较好解决的，因为确认故障的原因比较简单。由显示器问题引起的黑屏主要包括以下几种。

确认显示器的开关是打开的情况下，如果出现黑屏，通常有两种情况：显示器的开关指示灯不亮，这大多是由显示器电源线没插或者接触不良引起的；如果显示器指示灯是亮的，而且有些显示器会出现一些提示性文字（比如没有信号等），这大多是由显示器连接主机的信号线没插或者接触不良引起的。

一般的显示器通常有两条外接线：一条是显示器的电源线，一条是和主机相连的信号线，这两条线会因为损耗或者使用不当而损坏（比如信号线的针脚折断）。排除上面的两种情况后，可以通过更换电源线和信号线来解决问题。

通常来说，显示器是不易损坏的，一般在确认并非供电或主机的问题之后，才考虑显示器损坏的问题。

11.7.4 检查电脑主机问题

在排除上述原因之后，考虑主机故障引起黑屏的原因，通常从以下几个方面入手：

短路或接触不良。查看主机箱内有无多余的金属物、观察主板是否与机箱外壳有接触，如果存在以上情况，排除问题，因为这些都可能造成主板短路保护而不开机。

内存与主板存在接触不良问题。这是比较常见的问题，处理起来也相对比较容易，只需要将内存拔下来，擦拭内存的金手指，然后正确地安装好内存即可（一定要注意，要在关闭主机和电源开关的情况下进行）。

如果长时间不对主机箱进行清理，则会使主机内积累大量灰尘，这样不仅会造成系统运行缓慢，还会对电路和各种设备的运行造成影响，从而产生计算机黑屏的现象。处理的方法就是清理主机箱内的灰尘。

11.7.5 显卡、CPU、硬盘等设备接触不良

由于灰尘、晃动或损耗等原因，这些设备在与主板行连接时，都会出现接触不良的现象。通常的处理方法是去除灰尘、擦拭金手指、重新安装。

11.7.6 电源线连接问题

除了硬件与主板的接触不良会造成计算机黑屏外，各种硬件与电源线的连接也会造成黑屏。处理的方法是，检查各种硬件与电源的连接是否正确、通畅。首先使用最小系统法，将硬盘、软驱、光驱的数据线拔掉，然后开机测试。如果这时计算机显示器有开机画面显示，说明问题出在这几个设备上，再逐一把以上几个设备接入计算机。当接入某一个设备时，故障重现，说明故障是由此设备造成的。如果去掉硬盘、软驱、光驱设备后还没有解决问题，则故障可能出在内存、显卡、CPU、主板这几个设备上。使用拔插法、交换法等方法分别检查内存、显卡、CPU 等设备。一般先擦除设备的灰尘，清洁内存和显卡的金手指（使用橡皮擦拭金手指）等，也可以换个插槽，如果不行，最好再用一个好的设备测试。如果更换某一个设备后，故障消失，则是此设备的问题，再重新测试怀疑的设备。如果不是内存、显卡、CPU 的故障，那么问题就集中在主板上了。对于主板，先仔细检查有无芯片烧毁、CPU 周围的电容有无损坏、主板有无变形、有无与机箱接触等，再将 BIOS 放电，最后采用隔离法，将主板安置在机外，然后连接上内存、显卡、CPU 等进行测试。如果正常了，再将主板安装到机箱内进行测试，直到找到故障原因。

（1）硬件存在兼容性问题。

在更换某些硬件之后，也可能出现计算机黑屏的现象，这主要是由于硬件之间的兼容性存在问题，比如内存和主板的兼容性问题、显卡和主板的兼容性问题等。排除此类故障的方法是，使用原来的硬件，测试开机是否正常。如果正常，则可以确定是更换的新硬件的兼容性问题导致了黑屏。

（2）主板跳线问题。

主板跳线和主机的开关相连，当这些线出现问题时，也可能引起黑屏等问题。首先要检

查主板跳线的连接是否正确,重新插拔一次,确认接触状况良好。或者拔掉主板上的 Reset 线及其他开关、指示灯线,然后开机测试。因为有些质量不过关的机箱的 Reset 线在使用一段时间后,由于高温等原因造成短路,使计算机一直处于热启状态(复位状态),无法启动(一直黑屏)。

(3)硬件损坏。

硬件本身的损坏,比如主板、显卡、内存等,通常的检查方法是打开主机箱,查看有没有烧毁或有没有焦煳味。

任务十二

计算机网络基础

📝 学习情境描述

使用计算机上网已经成为人们生活中不可缺少的活动,网络上的硬件连接步骤复杂多样,设备更是多样,任何环节出现错误,都可能导致无法上网。查找并解决上网问题已经成为现代人必备的生活技能,本任务将了解计算机网络基础和局域网络的搭建。

📍 学习目标

(1) 了解局域网知识。
(2) 了解计算机网络协议。
(3) 能熟练掌握网线的制作方法。

📋 任务书

了解局域网知识,了解计算机网络协议,讨论并掌握网线制作的方法。

👥 任务分组

学生任务分配表

班级		组号		教师	
组长		学号			
组员		姓名	学号	姓名	学号
任务分工					

工作实施

引导问题 1： 什么是局域网？

_____
_____
_____
_____

引导问题 2： 不同的网络协议有什么区别？

_____
_____
_____
_____

引导问题 3： 常见网络故障的解决方法是什么？

_____
_____
_____
_____
_____
_____
_____

评价反馈

学生进行自评，评价自己是否能完成本节课的学习，有无任务遗漏。教师对学生进行的评价内容包括：报告书写是否工整规范、内容数据是否真实合理、是否起到了实训的作用。

（1）学生进行自我评价，并将结果填入学生自测表中。

学生自测表

班级：	姓名：	学号：	
学习情境		计算机网络基础	
评价项目	评价标准	分值	得分
局域网的概念	能正确认知局域网的概念	10	
网络协议	能正确认知不同协议的区别	10	
网络设备	能正确认知常见的网络设备	15	

续表

班级：		姓名：	学号：	
学习情境		计算机网络基础		
评价项目		评价标准	分值	得分
网络故障		能掌握网络故障的解决办法	15	
网线制作		能熟练掌握网线的制作方法	15	
工作态度		态度端正，无无故缺勤、迟到、早退现象	5	
工作质量		能按计划完成工作任务	10	
协调能力		与小组成员、同学之间能合作交流，协调工作	5	
职业素养		能做到爱护公物，文明操作	10	
创新意识		通过查阅资料，能更好地理解本节课的内容	5	
		合计	100	

（2）学生以小组为单位，对以上学习情境的过程与结果进行互评，将互评结果填入学生互评表。

学生互评表

学习情境		计算机网络基础											
评价项目	分值	等级							评价对象（组别）				
									1	2	3	4	5	6
计划合理	8	优	8	良	7	中	6	差	4					
方案准确	8	优	8	良	7	中	6	差	4					
团队合作	8	优	8	良	7	中	6	差	4					
组织有序	8	优	8	良	7	中	6	差	4					
工作质量	8	优	8	良	7	中	6	差	4					
工作效率	8	优	8	良	7	中	6	差	4					
工作完整	10	优	10	良	8	中	5	差	2					
工作规范	16	优	16	良	12	中	10	差	5					
识读报告	16	优	16	良	12	中	10	差	5					
成果展示	10	优	10	良	8	中	5	差	2					
合计	100													

(3) 教师对学生工作过程与工作结果进行评价，并将评价结果填入教师综合评价表中。

教师综合评价表

班级：		姓名：	学号：	
学习情境			计算机网络基础	
评价项目		评价标准	分值	得分
考勤		无无故迟到、旷课、早退现象	10	
工作过程	局域网的概念	能正确认知局域网的概念	10	
	网络协议	能正确认知不同协议的区别	15	
	网络设备	能正确认知常见的网络设备	15	
	网络故障	能掌握网络故障的解决办法	15	
	网线制作	能熟练掌握网线的制作方法	10	
项目成果	工作完整	能按时完成任务	5	
	工作规范	能按要求完成任务	5	
	成果展示	能准确表达、汇报工作成果	15	
合计			100	

学习情境的相关知识点

12.1 局域网的概念

局域网（Local Area Network，LAN）是将一个小区域内的各种通信设备互连在一起，形成一个网络。这个网络的范围可能是一个房间、一幢楼、一个办公室、一所学校。局域网的特点是距离短、延迟小、数据传输速度快、可靠性高、资源共享方便。

常见的局域网类型有以太网、光纤分布式数据接口、异步传输模式、令牌环、交换网等。其中应用最为广泛的是以太网。以太网（Etheret）是 Xerox、Digital Equipment 和 Intel 三家公司开发的局域网规范。其特点是简单、经济、安全，是局域网中使用最广泛的一种。

光纤分布式数据接口（FDDI）：一种使用光纤作为传输介质的、高速的、通用的环形网络，特点是传输速度快、传输距离长、带宽大、抗干扰、安全传输。

异步传输模式（ATM）：它是一种综合宽带数字业务的新通信网络（B-ISDN），不过现在 B-ISDN 还没有完善和普及。

令牌环：是 IBM 公司提出的一种环形结构网络，每个站点逐个相连，相邻站之间是一种点对点的链路。

交换网：是一种客户机/服务器（Client/Server）结构的网络。当网络用户超过一定数量后,传统的共享 LAN 难以满足用户的需要,交换网能够为每一个终端(客户)提供专用点对点连接,把一次一个用户服务转变为平行系统,同时支持多对通信设备连接。

12.2 网络协议

网络协议是网络中进行数据交换而建立的规则、标准或约定的集合。网络协议由三个要素组成:语义、语法、时序。人们形象地把这三个要素描述为:语义表示要做什么,语法表示要怎么做,时序表示做的顺序。

TCP/IP(Transmission Control Protocol/Internet Protocol,网络通信协议)是 Interet 最基本的协议,是 Internet 国际互联网络的基础,由网络层的 IP 和传输层的 TCP 组成。TCP/IP 定义了电子设备连入因特网及数据在它们之间传输的标准。TCP 负责发现传输的问题,一有问题就发出信号,要求重新传输,直到所有数据都安全、正确地传输到目的地;IP 是给因特网的每一台计算机规定一个地址。

常用的网络协议有 TCP/IP 协议、IPX/SPX 协议、NetBEUI 协议。

12.3 网线的制作方法

第 1 步:剥线。使用剥皮刀或剪刀将网线外皮剥掉大约 1.5 cm(长度要注意,因为如果剥皮过长,因网线不能被水晶头卡住,容易松动;若剥线过短,则因有保护层塑料的存在,不能完全插到水晶头底部,造成水晶头插针不能与网线芯线完好接触,同时,由于剥皮过短,还会导致后续不易进行排序)。需要把双绞线的灰色保护层剥掉。可以利用压线钳的剪线刀口将线头剪齐,再将线头放入剥线专用的刀口,稍微用力握紧压线钳慢慢旋转,让刀口划开双绞线的保护胶皮,如图 12-1 所示。注意,不要伤到内部的铜线表皮。

第 2 步:排序。剥除灰色的塑料保护层之后,即可见到双绞线网线的 4 对 8 条芯线,并且可以看到每对的颜色都不同。每对缠绕的两根芯线是由一种染有相应颜色的芯线加上一条只染有少许相应颜色的白色相间芯线组成。4 条全色芯线的颜色为棕色、橙色、绿色、蓝色。每对线都是相互缠绕在一起的,制作网线时,必须将 4 个线对的 8 条细导线逐一解开、理顺、扯直,然后按照规定的线序排列整齐,如图 12-2 所示。

图 12-1 剥线　　　　　　　　　图 12-2 排序

T568B 线序:1. 橙白,2. 橙色,3. 绿白,4. 蓝色,5. 蓝白,6. 绿色,7. 棕白,8. 棕色。排序完成后,需要把每对都是相互缠绕在一起的线缆逐一解开。解开后,则根据需要接线的规则把几组线缆依次地排列好并理顺。排列的时候，应该注意尽量避免线路的缠绕和重叠。排序口诀：白橙橙，白绿蓝，白蓝绿，白棕棕。

双手抓住线缆，然后向两个相反方向用力，反复几次将线压直，如图12-3所示。

把线缆依次排列好并理顺压直之后，应该细心检查一遍，之后利压线钳的剪线刀口把线缆顶部裁剪整齐，如图12-4所示。需要注意的是，裁剪的时候应该是水平方向插入，否则，线缆长度不一，会影响到线缆与水晶头的正常接触。若之前把保护层剥下过多，可以在这里将过长的细线剪短，保留去掉外层保护层的部分约15 mm，这个长度正好能将各细导线插入各自的线槽。如果该段留得过长，一方面，会由于线对不再互绞而增加串扰；另一方面，会由于水晶头不能压住护套而导致电缆可能从水晶头中脱出，造成线路接触不良。

图12-3　压直

图12-4　剪齐

第3步：把整理好的线缆插入水晶头内。需要注意的是，要将水晶头有塑料弹簧片的一面向下，有针脚的一面向上，使有针脚的一端指向远离自己的方向，有方形孔的一端对着自己。此时，最左边的是第1脚，最右边的是第8脚，其余依次顺序排列。插入的时候需要注意缓缓地用力，把8条线缆同时沿RJ-45头内的8个线槽插入，一直插到线槽的顶端。在压线之前，可以从水晶头的顶部检查，看看是否每一组线缆都紧紧地顶在水晶头的末端（注意，在将排序好的线放入水晶头时，易出现线序混乱，导致后续测试不通），如图12-5所示。

第4步：压线。确认无误之后，就可以把水晶头插入压线钳的8P槽内压线了。把水晶头插入后，用力握紧线钳，若力气不够，可以使用双手一起压，这样可使水晶头凸出在外面的针脚全部压入水晶头内，如图12-6所示。

图12-5　插入水晶头

图12-6　压线

第5步：测试。使用测线仪对做好的网线进行测试，将测线器两端接触水晶头，亮的顺序一致即可，如图12-7所示。如果亮的顺序不同，则可能是将线放入水晶头时线序发生了移位。如果某些灯没有亮,则可能是使用压线钳按压水晶头时力度不够,此时只能剪掉后重新制作。

图 12-7 测试

实训 一

组装台式计算机

学习情境描述

在前面的任务中已经介绍了计算机各个硬件的性能和特点、接口类型、使用方法、安装流程等，也可以从外观上辨认出各种配件。在了解计算机各配件的基础知识后，就可以开始对计算机进行组装了，也就是自己动手把计算机的各个配件按照之前学习的步骤和方法组装成一台完整的、功能强大的计算机。

学习目标

（1）能正确选择组装需要用到的工具。
（2）能正确选择需要用到的计算机硬件。
（3）能正确安装计算机硬件。
（4）能正确连接硬件之间的线缆。
（5）计算机开机测试能正常运行。

任务书

（1）以小组为单位选择组装需要用到的工具。
（2）以小组为单位选择需要用到的计算机硬件。
（3）按照正确流程组装计算机硬件。
（4）连接硬件之间的线缆。
（5）计算机开机测试。

实训一　组装台式计算机

任务分组

学生任务分配表

班级		组号		教师	
组长		学号			
组员		姓名	学号	姓名	学号
任务分工					

评价反馈

学生进行自评，评价自己是否能完成本节课的学习，有无任务遗漏。教师对学生进行的评价内容包括：报告书写是否工整规范、内容数据是否真实合理、是否起到了实训的作用。

（1）学生进行自我评价，并将结果填入学生自测表中。

学生自测表

班级：		姓名：	学号：	
学习情境		显卡		
评价项目	评价标准		分值	得分
组装工具选择	能正确选择组装需要用到的工具		10	
计算机配件选择	能正确选择组装需要用到的硬件		10	
安装计算机硬件	能按照正确流程组装硬件		20	
连接线缆	能正确连接硬件之间的线缆		15	
通电开机测试	能正常开机运行		10	
工作态度	态度端正，无无故缺勤、迟到、早退现象		5	
工作质量	能按计划完成工作任务		10	
协调能力	与小组成员、同学之间能合作交流，协调工作		5	
职业素养	能做到爱护公物，文明操作		10	
创新意识	通过查阅资料，能更好地理解本节课的内容		5	
合计			100	

（2）学生以小组为单位，对以上学习情境的过程与结果进行互评，将互评结果填入学生互评表。

学生互评表

学习情境		组装台式计算机											
评价项目	分值	等级							评价对象（组别）				
									1	2	3	4	5	6
计划合理	8	优	8	良	7	中	6	差	4					
方案准确	8	优	8	良	7	中	6	差	4					
团队合作	8	优	8	良	7	中	6	差	4					
组织有序	8	优	8	良	7	中	6	差	4					
工作质量	8	优	8	良	7	中	6	差	4					
工作效率	8	优	8	良	7	中	6	差	4					
工作完整	10	优	10	良	8	中	5	差	2					
工作规范	16	优	16	良	12	中	10	差	5					
识读报告	16	优	16	良	12	中	10	差	5					
成果展示	10	优	10	良	8	中	5	差	2					
合计	100													

（3）教师对学生工作过程与工作结果进行评价，并将评价结果填入教师综合评价表中。

教师综合评价表

班级：　　　　　姓名：　　　　　学号：

学习情境		显卡		
评价项目		评价标准	分值	得分
考勤		无无故迟到、旷课、早退现象	10	
工作过程	组装工具选择	能正确选择组装需要用到的工具	10	
	计算机配件选择	能正确选择组装需要用到的硬件	10	
	安装计算机硬件	能按照正确流程组装硬件	20	
	连接线缆	能正确连接硬件之间的线缆	15	
	通电开机测试	能正常开机运行	10	
项目成果	工作完整	能按时完成任务	5	
	工作规范	能按要求完成任务	5	
	成果展示	能准确表达、汇报工作成果	15	
合计			100	

实训二

安装操作系统

学习情境描述

在前面的任务中已经介绍了安装操作系统的方法和流程等,操作系统是一个软件,它必须安装在硬盘等存储介质中。在计算机组装过程中,使用全新的硬盘前,必须要对其进行分区及格式化操作,这样计算机才能利用它们来存储数据。

学习目标

(1) 能正确制作系统启动盘。
(2) 能正确下载需要安装的系统镜像文件。
(3) 能正确安装操作系统。
(4) 能正确安装驱动程序。
(5) 能正常安装常用的应用软件。

任务书

(1) 利用U盘制作工具制作系统启动盘。
(2) 在官网上下载需要安装的系统镜像文件。
(3) 对硬盘进行重新分区。
(4) 按照正确的流程安装操作系统。
(5) 安装驱动程序。
(6) 安装计算机常用的应用软件。

任务分组

学生任务分配表

班级		组号		教师	
组长		学号			
组员		姓名	学号	姓名	学号
任务分工					

评价反馈

学生进行自评,评价自己是否能完成本节课的学习,有无任务遗漏。教师对学生进行的评价内容包括:报告书写是否工整规范、内容数据是否真实合理、是否起到了实训的作用。

(1)学生进行自我评价,并将结果填入学生自测表中。

学生自测表

班级:		姓名:	学号:	
学习情境		安装操作系统		
评价项目		评价标准	分值	得分
启动盘制作		能正确利用 U 盘制作工具制作系统启动盘	10	
硬盘分区		能正确对硬盘进行分区或格式化操作	10	
安装操作系统		能按照正确流程安装操作系统	20	
安装驱动程序		能正确安装硬件的驱动程序	15	
安装常用应用软件		能正确安装常用软件	10	
工作态度		态度端正,无无故缺勤、迟到、早退现象	5	
工作质量		能按计划完成工作任务	10	
协调能力		与小组成员、同学之间能合作交流,协调工作	5	
职业素养		能做到爱护公物,文明操作	10	
创新意识		通过查阅资料,能更好地理解本节课的内容	5	
		合计	100	

（2）学生以小组为单位，对以上学习情境的过程与结果进行互评，将互评结果填入学生互评表。

学生互评表

学习情境		\multicolumn{8}{c}{安装操作系统}							
评价项目	分值	\multicolumn{8}{c}{等级}	\multicolumn{6}{c}{评价对象（组别）}
										1	2	3	4	5	6
计划合理	8	优	8	良	7	中	6	差	4						
方案准确	8	优	8	良	7	中	6	差	4						
团队合作	8	优	8	良	7	中	6	差	4						
组织有序	8	优	8	良	7	中	6	差	4						
工作质量	8	优	8	良	7	中	6	差	4						
工作效率	8	优	8	良	7	中	6	差	4						
工作完整	10	优	10	良	8	中	5	差	2						
工作规范	16	优	16	良	12	中	10	差	5						
识读报告	16	优	16	良	12	中	10	差	5						
成果展示	10	优	10	良	8	中	5	差	2						
合计	100														

（3）教师对学生工作过程与工作结果进行评价，并将评价结果填入教师综合评价表中。

教师综合评价表

班级：		姓名：		学号：	
	学习情境		安装操作系统		
	评价项目	评价标准		分值	得分
	考勤	无无故迟到、旷课、早退现象		10	
工作过程	启动盘制作	能正确利用工具制作系统启动盘		10	
	硬盘分区	能正确对硬盘进行分区或格式化操作		10	
	安装操作系统	能按照正确流程安装操作系统		20	
	安装驱动程序	能正确安装硬件的驱动程序		15	
	安装常用应用软件	能正确安装常用软件		10	
项目成果	工作完整	能按时完成任务		5	
	工作规范	能按要求完成任务		5	
	成果展示	能准确表达、汇报工作成果		15	
		合计		100	

实训三

设置BIOS

学习情境描述

对于计算机爱好者来说，BIOS 设置是最基本、最常用的操作技巧，是计算机系统最底层的设置。准确地说，BIOS 是硬件与软件程序之间的一个转换器或者说是接口，负责解决硬件的即时需求，并按软件对硬件的操作要求具体执行。BIOS 设置得正确与否对计算机性能有着很大的影响，熟悉 BIOS 的设置对于使用和维护计算机都有很大的帮助。

学习目标

（1）能正确设置启动顺序。
（2）能正确设置自动开机。
（3）能正确设置 BIOS 及开机密码。
（4）能正确设置 CPU 超频。
（5）能正常设置意外断电后恢复接通电源状态。

任务书

（1）进入 BIOS 设置界面。
（2）设置硬盘启动为计算机第一启动顺序。
（3）设置计算机在规定时间自动开机。
（4）设置 BIOS 密码。
（5）设置 CPU 超频。
（6）设置意外断电后恢复接通电源状态。

实训三　设置 BIOS

任务分组

学生任务分配表

班级		组号		教师	
组长		学号			
组员		姓名	学号	姓名	学号
任务分工					

评价反馈

学生进行自评，评价自己是否能完成本节课的学习，有无任务遗漏。教师对学生进行的评价内容包括：报告书写是否工整规范、内容数据是否真实合理、是否起到了实训的作用。

（1）学生进行自我评价，并将结果填入学生自测表中。

学生自测表

班级：		姓名：	学号：	
学习情境		设置 BIOS		
评价项目		评价标准	分值	得分
设置启动顺序		能正确设置计算机启动顺序	20	
设置自动开机		能正确设置计算机自动开机	10	
设置 BIOS 密码		能正确设置 BIOS 密码	10	
设置 CPU 超频		能正确设置 CPU 超频	15	
设置断电恢复		能正确设置断电后恢复接通电源状态	10	
工作态度		态度端正，无无故缺勤、迟到、早退现象	5	
工作质量		能按计划完成工作任务	10	
协调能力		与小组成员、同学之间能合作交流，协调工作	5	
职业素养		能做到爱护公物，文明操作	10	
创新意识		通过查阅资料，能更好地理解本节课的内容	5	
		合计	100	

（2）学生以小组为单位，对以上学习情境的过程与结果进行互评，将互评结果填入学生互评表。

学生互评表

学习情境		设置 BIOS											
评价项目	分值	等级							评价对象（组别）				
									1	2	3	4	5	6
计划合理	8	优	8	良	7	中	6	差	4					
方案准确	8	优	8	良	7	中	6	差	4					
团队合作	8	优	8	良	7	中	6	差	4					
组织有序	8	优	8	良	7	中	6	差	4					
工作质量	8	优	8	良	7	中	6	差	4					
工作效率	8	优	8	良	7	中	6	差	4					
工作完整	10	优	10	良	8	中	5	差	2					
工作规范	16	优	16	良	12	中	10	差	5					
识读报告	16	优	16	良	12	中	10	差	5					
成果展示	10	优	10	良	8	中	5	差	2					
合计	100													

（3）教师对学生工作过程与工作结果进行评价，并将评价结果填入教师综合评价表中。

教师综合评价表

班级：		姓名：	学号：		
		学习情境	设置 BIOS		
		评价项目	评价标准	分值	得分
		考勤	无无故迟到、旷课、早退现象	10	
工作过程		设置启动顺序	能正确设置计算机启动顺序	20	
		设置自动开机	能正确设置计算机自动开机	10	
		设置 BIOS 密码	能正确设置 BIOS 密码	10	
		设置 CPU 超频	能正确设置 CPU 超频	15	
		设置断电恢复	能正确设置断电后恢复接通电源状态	10	
项目成果		工作完整	能按时完成任务	5	
		工作规范	能按要求完成任务	5	
		成果展示	能准确表达、汇报工作成果	15	
合计				100	

实训四

搭建小型局域网

学习情境描述

近年来,随着家用计算机、笔记本电脑和互联网的普及,小到几台大到几百台计算机组成小型局域网,再通过公用出口进行上网,越来越成为计算机必不可少的组织形式。局域网本身也是多种多样、大小不一、各有优劣的。搭建小型局域网、排除网络设置上的各种难题,也成为现代计算机用户必须掌握的知识和技术。

学习目标

（1）能正确制作网线。
（2）能正确设置计算机 IP 地址。
（3）能正确设置交换机。
（4）能正确搭建局域网。

任务书

（1）以小组为单位准备制作网线的工具和耗材。
（2）成功制作足够数量的网络。
（3）设置计算机的 IP 地址。
（4）正确连接交换机并进行设置。
（5）检查局域网内计算机之间的通信。

任务分组

学生任务分配表

班级		组号		教师	
组长		学号			
组员		姓名	学号	姓名	学号
任务分工					

评价反馈

学生进行自评，评价自己是否能完成本节课的学习，有无任务遗漏。教师对学生进行的评价内容包括：报告书写是否工整规范、内容数据是否真实合理、是否起到了实训的作用。

（1）学生进行自我评价，并将结果填入学生自测表中。

学生自测表

班级：		姓名：	学号：	
学习情境		搭建小型局域网		
评价项目		评价标准	分值	得分
网线制作		能正确制作网线	20	
设置计算机 IP 地址		能正确设置计算机 IP 地址	10	
设置交换机		能正确设置交换机	10	
局域网搭建		能正确搭建局域网	15	
检查通信		局域网内计算机之间能进行信息通信	10	
工作态度		态度端正，无无故缺勤、迟到、早退现象	5	
工作质量		能按计划完成工作任务	10	
协调能力		与小组成员、同学之间能合作交流，协调工作	5	
职业素养		能做到爱护公物，文明操作	10	
创新意识		通过查阅资料，能更好地理解本节课的内容	5	
		合计	100	

(2) 学生以小组为单位，对以上学习情境的过程与结果进行互评，将互评结果填入学生互评表。

学生互评表

学习情境		\multicolumn{8}{c}{搭建小型局域网}							
评价项目	分值	\multicolumn{8}{c}{等级}	评价对象（组别）						
										1	2	3	4	5	6
计划合理	8	优	8	良	7	中	6	差	4						
方案准确	8	优	8	良	7	中	6	差	4						
团队合作	8	优	8	良	7	中	6	差	4						
组织有序	8	优	8	良	7	中	6	差	4						
工作质量	8	优	8	良	7	中	6	差	4						
工作效率	8	优	8	良	7	中	6	差	4						
工作完整	10	优	10	良	8	中	5	差	2						
工作规范	16	优	16	良	12	中	10	差	5						
识读报告	16	优	16	良	12	中	10	差	5						
成果展示	10	优	10	良	8	中	5	差	2						
合计	100														

(3) 教师对学生工作过程与工作结果进行评价，并将评价结果填入教师综合评价表中。

教师综合评价表

班级：		姓名：	学号：		
	学习情境		设置 BIOS		
	评价项目		评价标准	分值	得分
	考勤		无无故迟到、旷课、早退现象	10	
工作过程	网线制作		能正确制作网线	20	
	设置计算机 IP 地址		能正确设置计算机 IP 地址	10	
	设置交换机		能正确设置交换机	10	
	局域网搭建		能正确搭建局域网	15	
	检查通信		局域网内计算机之间能进行信息通信	10	
项目成果	工作完整		能按时完成任务	5	
	工作规范		能按要求完成任务	5	
	成果展示		能准确表达、汇报工作成果	15	
\multicolumn{4}{c}{合计}	100	